大数据技术与应用丛书

Spark

项目实训

（Python版）

黑马程序员　编著

清華大學出版社
北京

内 容 简 介

本书以电商网站中的用户行为数据作为数据源，系统介绍了使用 Spark 生态系统进行离线分析和实时分析的方法。全书共 6 章，分别讲解了项目概述、搭建集群环境、使用 Flume 实现数据采集、使用 Hive 构建数据仓库、使用 Spark 进行数据分析以及使用 FineBI 实现数据可视化。

本书附有教学 PPT、教学设计等资源，同时，为了帮助初学者更好地学习书中内容，还提供了在线答疑，欢迎读者关注。

本书适合作为高等学校数据科学与大数据技术及相关专业的教材，也适合数据分析、数据可视化等领域的从业者阅读。

图书在版编目（CIP）数据

Spark 项目实训：Python 版/黑马程序员编著. -- 北京：清华大学出版社，2025.3. --（大数据技术与应用丛书）. -- ISBN 978-7-302-68530-2

Ⅰ. TP274

中国国家版本馆 CIP 数据核字第 20256WE049 号

责任编辑：袁勤勇　杨　枫
封面设计：杨玉兰
责任校对：李建庄
责任印制：宋　林

出版发行：清华大学出版社
　　　　　网　　　址：https://www.tup.com.cn,https://www.wqxuetang.com
　　　　　地　　　址：北京清华大学学研大厦 A 座　　　　邮　　编：100084
　　　　　社 总 机：010-83470000　　　　　　　　　　　邮　　购：010-62786544
　　　　　投稿与读者服务：010-62776969，c-service@tup.tsinghua.edu.cn
　　　　　质量反馈：010-62772015，zhiliang@tup.tsinghua.edu.cn
　　　　　课件下载：https://www.tup.com.cn,010-83470236
印 装 者：三河市龙大印装有限公司
经　　销：全国新华书店
开　　本：185mm×260mm　　　　印　　张：12　　　　字　　数：277 千字
版　　次：2025 年 3 月第 1 版　　　　　　　　　　　　印　　次：2025 年 3 月第 1 次印刷
定　　价：39.00 元

产品编号：109388-01

前　言

党的二十大报告强调了"加快发展数字经济,促进数字经济和实体经济深度融合,打造具有国际竞争力的数字产业集群"的重要性。随着云计算、移动互联网、电子商务、物联网和社交媒体的蓬勃发展,全球数据正以惊人的速度呈指数级增长,大数据已成为与物质资产和人力资本同等重要的战略资源。

然而,数据的价值不仅取决于数量,更取决于质量和分析能力。要从海量数据中挖掘出真正的价值,需要构建高效的数据采集、存储、处理和分析体系,为商业决策和社会发展提供有力支撑。

本书以电商网站用户行为数据为基础,系统讲解利用 Spark 生态系统进行离线分析和实时分析的方法,适合具备一定数据分析知识和大数据基础的读者学习。本书共 6 章,具体如下。

第 1 章带领读者初步了解项目背景、核心需求、技术架构及开发流程。

第 2 章详细介绍基于 Linux 操作系统搭建集群环境,包括 Hadoop、Hive、Flume、Kafka、Spark 等。

第 3 章讲解通过配置 Flume 的采集方案实现历史和实时用户行为数据的采集。

第 4 章讲解基于 Hive 构建数据仓库。

第 5 章讲解运用 Spark SQL、Structured Streaming 等组件对用户行为数据进行离线与实时分析。

第 6 章讲解在 FineBI 中通过 Doris 获取 Hive 的数据进行数据可视化。

在实践的过程中,读者可能会遇到各种问题,这是正常的。建议读者遇到问题时不要轻易放弃,而要积极思考,梳理思路,分析问题的原因和解决方案,并在问题解决后总结经验教训,避免重复错误。

本书配套服务

为了提升您的学习或教学体验,我们精心为本书配备了丰富的数字化资源和服务,包括在线答疑、教学大纲、教学设计、教学 PPT、测试题、源代码等。通过这些配套资源和服务,我们希望让您的学习或教学变得更加高效。请扫描下方二维码获取本书配套资源和服务。

致谢

本书的编写和整理工作由江苏传智播客教育科技股份有限公司完成,全体参编人员在编写过程中付出了辛勤的劳动,除此之外还有很多试读人员参与了本书的试读工作,并给出了宝贵的建议,在此向大家表示由衷的感谢。

意见反馈

本书难免有不妥之处,欢迎读者提出宝贵意见。读者在阅读本书时,如发现任何问题或不认同之处,可以通过电子邮箱与编者联系。请发送电子邮件至 itcast_book@vip.sina.com。

传智教育 黑马程序员

2025 年 1 月于北京

目 录

第 1 章
项 目 概 述

学习目标

- 熟悉项目需求和目标,能够说出本项目要完成的功能以及要掌握的技能。
- 了解预备知识,能够说出实施本项目之前需要的预备技能。
- 掌握项目架构,能够描述本项目的实现流程。
- 了解开发环境和工具,能够说出本项目使用的开发环境和工具。
- 掌握项目开发流程,能够描述本项目的实施过程。

近年来,电子商务蓬勃发展,电商网站已成为商家与消费者互动和交易的核心平台。随着互联网的普及,越来越多的人选择在线购物,使得电商网站用户行为分析成为洞察市场、推动业务增长的关键。本书通过一个电商网站用户行为分析项目,全面演示如何利用 Spark 对电商网站中的用户行为数据进行分析,以深入挖掘用户在网站上的行为模式、偏好和需求。

1.1　项目需求和目标

大数据开发的首要任务是明确数据分析的需求,即从海量数据中挖掘出那些有价值的信息。只有精准定位分析目标,开发人员才能有的放矢地进行数据处理和分析。本项目将利用 Spark 实现以下核心需求。

- 流量分析:通过电商网站中的历史用户行为数据,分析用户的活跃程度,为精细化运营提供数据支撑。
- 商品分析:通过电商网站中的历史用户行为数据,分析商品销售情况,为商品优化提供依据。
- 设备分析:通过电商网站中的历史用户行为数据,分析用户在不同时间段使用的设备偏好,为调整营销策略提供数据支持。
- 推荐系统:通过电商网站中的历史用户行为数据,预测用户对未交互商品的潜在兴趣,实现个性化商品推荐。
- 地域分析:通过实时获取电商网站中的用户行为数据,分析不同地区的销售趋势,为优化库存管理、合理配置物流资源提供依据。

通过本项目,能够培养读者以下几方面的能力。

- 掌握基于完全分布式模式部署 Hadoop 集群的方法。
- 掌握基于 Spark On YARN 模式部署 Spark 的方法。
- 掌握 ZooKeeper 集群的部署。
- 掌握 Hive 的部署和使用。
- 掌握 Kafka 集群的部署与使用。
- 掌握 Flume 的部署与使用。
- 掌握 Doris 集群的部署与使用。
- 掌握基于 Python 语言开发 Spark 程序的方法。
- 掌握使用 PyCharm 开发程序的方法。
- 掌握使用 Flume 采集数据的方法。
- 掌握使用 Hive 构建数据仓库的方法。
- 熟悉 FineBI 的安装和使用。
- 熟悉基于 Linux Shell 编写脚本的方法。
- 熟悉基于 HDFS Shell 操作 HDFS 的方法。
- 熟悉基于 MySQL 客户端操作 Doris 的方法。
- 熟悉 Linux 操作系统的安装和使用。
- 了解电商网站中 Spark 的应用场景。

1.2   预备知识

项目实施前,扎实的知识储备是成功的基石,它能帮助开发者顺利地完成项目。正如俗话所说:"凡事预则立,不预则废。"比喻做任何事情,事前有准备就可以成功,没有准备就会失败。说话先有准备,就不会词穷理屈站不住脚;行事前计划先有定夺,就不会发生错误或后悔的事。

本项目是对大数据知识体系的综合实践,读者在进行项目开发前,应具备下列知识储备。

- 了解 Hadoop、Spark、Hive 和 ZooKeeper 等大数据相关技术的基本概念和原理。
- 熟悉 Linux 操作系统的概念,能够编写 Shell 命令。
- 掌握 Python 语言的使用。
- 熟悉 PyCharm 的使用。
- 掌握 Spark 的 Python API 操作。
- 熟悉 HiveQL 语句的编写。
- 熟悉 SQL 语句的编写。
- 了解 Flume 采集方案的配置。
- 了解数据仓库的概念。

1.3　项目架构

为了帮助读者更清晰地理解本项目的实现流程,下面通过图 1-1 来描述本项目的架构。

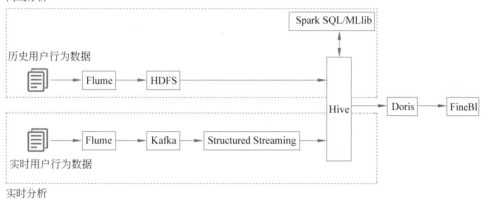

图 1-1　项目架构

从图 1-1 可以看出,本项目通过离线分析和实时分析两种方式实现。接下来,分别对这两种方式的实现流程进行讲解,具体内容如下。

1. 离线分析

离线分析的实现流程如下:

(1) 使用 Flume 采集历史用户行为数据,并将其存储到 HDFS。

(2) 将 HDFS 中存储的历史用户行为数据导入 Hive 的表中。

(3) 基于 Spark SQL/MLlib 组件编写 Spark 程序,从 Hive 的表中读取历史用户行为数据进行分析,并将分析结果存储到 Hive 的表中。

(4) 在 FineBI 中通过 Doris 读取 Hive 表中的分析结果进行可视化处理。

2. 实时分析

实时分析的实现流程如下:

(1) 使用 Flume 采集实时用户行为数据,并将其传输到 Kafka。

(2) 基于 Structured Streaming 组件编写 Spark 程序,从 Kafka 中读取实时用户行为数据进行分析,并将分析结果存储到 Hive 的表中。

(3) 在 FineBI 中通过 Doris 读取 Hive 表中的分析结果进行可视化处理。

1.4　开发环境和工具

在正式开始项目之前,简要介绍本项目所使用的开发环境和工具,以便读者对项目的工作环境有初步的了解,为后续的学习和实践做好准备,具体介绍如下。

1. 开发环境

本项目的开发环境包括 Windows 和 Linux 操作系统。Windows 操作系统主要用于创建并操作虚拟机、编写 Spark 程序和实现数据可视化,而 Linux 操作系统主要用于部署集群环境。本项目使用 Windows 和 Linux 操作系统的版本,如表 1-1 所示。

表 1-1　Windows 和 Linux 操作系统的版本

操作系统	版　本
Windows	11
Linux	CentOS Stream 9

在表 1-1 中,Windows 操作系统的版本可以与本书不一致,但建议 Linux 操作系统的版本与本书保持一致。

2. 开发工具

本项目涉及的开发工具及其对应版本,如表 1-2 所示。

表 1-2　开发工具及其对应版本

开 发 工 具	版　本
JDK	1.8.0_401
Python	3.9.13
PyCharm	2024.1.2 (Community Edition)
VMware Workstation	17 Pro
Hadoop	3.3.6
MySQL	8.4.0
Hive	3.1.3
Flume	1.10.1
ZooKeeper	3.9.2
Kafka	3.6.2
Spark	3.4.3
Doris	2.0.9
FineBI	6.0
Tabby	1.0.207

在表 1-2 中,VMware Workstation 是一款桌面虚拟计算机软件,用于在单台计算机上创建多台虚拟机来实现集群环境。Tabby 是一个 SSH 远程工具,用于连接并操作虚拟机。

需要说明的是,在表 1-2 中,除 IntelliJ IDEA 和 Tabby 这两个开发工具之外,建议其他开发工具的版本与本书保持一致。

1.5 项目开发流程

在正式开始项目之前,详细梳理整个项目的开发流程,使读者对项目的实现有清晰的认识,具体内容如下。

1. 搭建集群环境

搭建集群环境的实现过程如下。

(1) 创建虚拟机。

(2) 安装 Linux 操作系统。

(3) 克隆虚拟机。

(4) 配置虚拟机。

(5) 安装 JDK。

(6) 部署 Hadoop 集群。

(7) 部署 Hive。

(8) 部署 Flume。

(9) 部署 ZooKeeper 集群。

(10) 部署 Kafka 集群。

(11) 部署 Spark。

(12) 部署 Doris 集群。

2. 数据采集

数据采集的实现过程如下。

(1) 编写生成用户行为数据的 Python 程序。

(2) 在 Flume 中配置采集用户行为数据的方案。

(3) 实现用户行为数据的采集。

3. 数据仓库

数据仓库的实现过程如下。

(1) 在 Hive 中构建数据仓库。

(2) 通过编写 Shell 脚本向数据仓库的 ODS 层加载数据。

(3) 通过编写 Spark 程序和 HiveQL 语句向数据仓库的 DWD 层加载数据。

4. 数据分析

数据分析的实现过程如下。

(1) 基于 Spark SQL 组件编写 Spark 程序实现流量分析。

(2) 基于 Spark SQL 组件编写 Spark 程序实现商品分析。

(3) 基于 Spark SQL 组件编写 Spark 程序实现设备分析。

(4) 基于 Spark SQL/MLlib 组件编写 Spark 程序实现推荐系统。

(5) 基于 Structured Streaming 组件编写 Spark 程序实现地域分析。

5. 数据可视化

数据可视化的实现过程如下。

(1) 通过 Doris 集成 Hive,实现 Doris 对 Hive 中表数据的直接访问。

(2) 安装 FineBI。

(3) 在 FineBI 中配置 Doris 连接,以便访问 Hive 表数据。

(4) 通过 FineBI 连接 Doris,获取 Hive 表中的数据。

(5) 利用 FineBI 实现流量分析的可视化。

(6) 利用 FineBI 实现商品分析的可视化。

(7) 利用 FineBI 实现设备分析的可视化。

(8) 利用 FineBI 实现地域分析的可视化。

1.6   本章小结

本章主要介绍了项目开发的基本信息。首先,讲解了项目需求和目标。接着,讲解了预备知识和项目架构。然后,讲解了开发环境和工具。最后,讲解了项目开发流程。通过本章学习,使读者能够对项目有初步的认识。

第 2 章
搭建集群环境

学习目标

- 了解虚拟机的创建过程，能够完成虚拟机的创建。
- 熟悉 Linux 操作系统的安装过程，能够在虚拟机中安装 CentOS Stream 9。
- 了解虚拟机的克隆方式，能够使用完整克隆的方式克隆新的虚拟机。
- 熟悉虚拟机的配置，能够配置 Linux 操作系统的主机名、IP 地址、网络参数、免密登录和远程登录。
- 熟悉 JDK 的安装过程，能够在 Linux 操作系统中安装 JDK。
- 掌握 Hadoop 集群的部署，能够独立完成基于完全分布式模式部署 Hadoop 集群的相关操作。
- 掌握 Hive 部署，能够独立完成部署 Hive 的相关操作。
- 掌握 Flume 的部署，能够独立完成部署 Flume 的相关操作。
- 掌握 ZooKeeper 集群的部署，能够独立完成部署 ZooKeeper 集群的相关操作。
- 掌握 Kafka 集群的部署，能够独立完成部署 Kafka 集群的相关操作。
- 掌握 Spark 的部署，能够独立完成基于 Spark On YARN 模式部署 Spark 的相关操作。
- 掌握 Doris 集群的部署，能够独立完成部署 Doris 集群的相关操作。

正如古人所云："工欲善其事，必先利其器。"搭建集群环境的目的是为项目创建有利的工作平台，从而为后续的数据采集、分析、存储等任务的实施奠定基础。本章详细介绍如何搭建集群环境。

2.1 基础环境搭建

鉴于 Spark、Hadoop、Kafka 和 Hive 等大数据技术在企业中的实际应用场景，本项目基于 Linux 操作系统搭建集群环境。在正式搭建集群之前，需要完成基础环境的搭建，包括安装 Linux 操作系统并进行必要的配置。

2.1.1 创建虚拟机

在实际开发应用场景中，集群环境的搭建需要多台计算机来实现，这对于大多数想要学习大数据技术的人来说是难以实现的。为解决这一问题,可以采用 VMware Workstation 软件,在单一计算机上创建多个虚拟机,并在每个虚拟机中安装 Linux 操作系统,从而实现在单一计算机上搭建集群环境。

关于使用 VMware Workstation 创建虚拟机的具体步骤如下。

(1) 打开 VMware Workstation,进入 VMware Workstation 主界面,如图 2-1 所示。

图 2-1　VMware Workstation 主界面

(2) 在图 2-1 中,单击"创建新的虚拟机"图标进入"欢迎使用新建虚拟机向导"界面,在该界面选择配置类型为自定义(高级),如图 2-2 所示。

图 2-2　"欢迎使用新建虚拟机向导"界面

（3）在图 2-2 中，单击"下一步"按钮进入"选择虚拟机硬件兼容性"界面，在该界面选择硬件兼容性为 Workstation 17.x，如图 2-3 所示。

图 2-3　"选择虚拟机硬件兼容性"界面

（4）在图 2-3 中，单击"下一步"按钮进入"安装客户机操作系统"界面，在该界面选择安装来源为稍后安装操作系统，如图 2-4 所示。

图 2-4　"安装客户机操作系统"界面

（5）在图 2-4 中，单击"下一步"按钮进入"选择客户机操作系统"界面，在该界面选择客户机操作系统为 Linux，以及版本为其他 Linux 5.x 内核 64 位，如图 2-5 所示。

图 2-5 "选择客户机操作系统"界面

　　(6) 在图 2-5 中,单击"下一步"按钮进入"命名虚拟机"界面,在该界面将虚拟机名称设置为 Spark01,并指定虚拟机在本地的存储位置,如图 2-6 所示。

图 2-6 "命名虚拟机"界面

　　(7) 在图 2-6 中,单击"下一步"按钮进入"处理器配置"界面,在该界面读者可以根据计算机硬件配置,合理调整处理器数量和每个处理器的内核数量。在本书中,将处理器数量设置为 1,每个处理器的内核数量设置为 2,如图 2-7 所示。

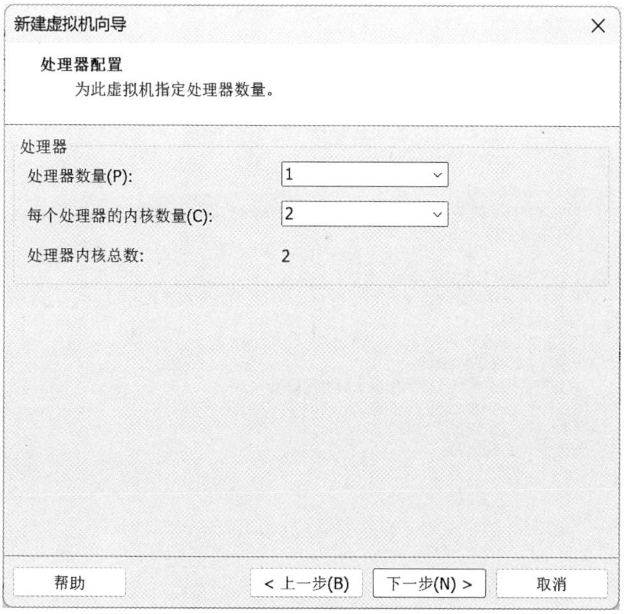

图 2-7 "处理器配置"界面

（8）在图 2-7 中，单击"下一步"按钮进入"此虚拟机的内存"界面，在该界面读者可以根据计算机硬件配置，合理调整内存，但不建议内存低于 4096MB。在本书中，将内存设置为 6144MB，如图 2-8 所示。

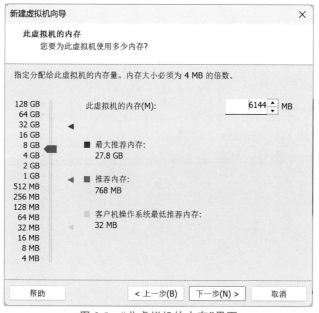

图 2-8 "此虚拟机的内存"界面

（9）在图 2-8 中，单击"下一步"按钮进入"网络类型"界面，在该界面选择网络连接为使用网络地址转换（NAT），如图 2-9 所示。

图 2-9　"网络类型"界面

（10）在图 2-9 中，单击"下一步"按钮，进入"选择 I/O 控制器类型"界面，在该界面选择 I/O 控制器类型为 LSI Logic，如图 2-10 所示。

图 2-10　"选择 I/O 控制器类型"界面

（11）在图 2-10 中，单击"下一步"按钮进入"选择磁盘类型"界面，在该界面选择虚拟磁盘类型为 SCSI，如图 2-11 所示。

图 2-11　"选择磁盘类型"界面

（12）在图 2-11 中，单击"下一步"按钮进入"选择磁盘"界面，在该界面选择磁盘为创建新虚拟磁盘，如图 2-12 所示。

图 2-12　"选择磁盘"界面

（13）在图 2-12 中，单击"下一步"按钮进入"指定磁盘容量"界面，在该界面将最大磁盘大小设置为 50.0，并选择将虚拟磁盘存储为单个文件，如图 2-13 所示。

图 2-13 中设置的最大磁盘大小，并不会一次性占用计算机中 50GB 的磁盘空间，而

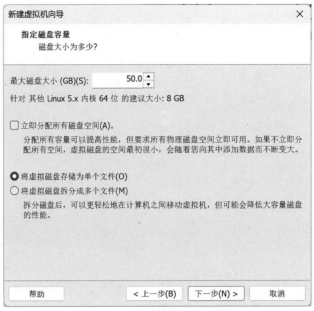

图 2-13　"指定磁盘容量"界面

是随着虚拟机的实际使用情况动态增长。

（14）在图 2-13 中，单击"下一步"按钮进入"指定磁盘文件"界面，在该界面将磁盘文件设置为 Spark01.vmdk，如图 2-14 所示。

图 2-14　"指定磁盘文件"界面

（15）在图 2-14 中，单击"下一步"按钮进入"已准备好创建虚拟机"界面，在该界面可以查看虚拟机的相关配置参数，如图 2-15 所示。

图 2-15　"已准备好创建虚拟机"界面

（16）在图 2-15 中，单击"完成"按钮创建虚拟机 Spark01，虚拟机 Spark01 创建完成后会进入 Spark01 界面，在该界面可以查看当前虚拟机的详细信息，如图 2-16 所示。

图 2-16　Spark01 界面

至此便完成了虚拟机 Spark01 的创建。关于集群环境中其他虚拟机的创建将通过后续讲解的克隆方式实现。

2.1.2　安装 Linux 操作系统

由于虚拟机 Spark01 尚未安装操作系统，所以暂时无法使用。接下来，需要在虚拟机

Spark01 上安装 Linux 操作系统的发行版 CentOS Stream 9,具体步骤如下。

(1) 在 Spark01 界面,选择"编辑虚拟机设置"选项弹出"虚拟机设置"对话框,在该对话框中选择"CD/DVD(IDE)"选项,并选择"使用 ISO 映像文件"单选按钮,如图 2-17 所示。

图 2-17 "虚拟机设置"对话框(1)

(2) 在图 2-17 中,单击"浏览"按钮选择本地存放 CentOS Stream 9 的 ISO 映像文件,如图 2-18 所示。

图 2-18 "虚拟机设置"对话框(2)

在图 2-18 中,单击"确定"按钮返回 Spark01 界面,此时虚拟机 Spark01 已经成功挂载 CentOS Stream 9 的 ISO 映像文件。

（3）在 Spark01 界面中，单击"开启此虚拟机"按钮启动虚拟机 Spark01。由于虚拟机 Spark01 尚未安装操作系统，所以在首次启动时将加载挂载的 ISO 映像文件，并进入 CentOS Stream 9 的安装引导界面，如图 2-19 所示。

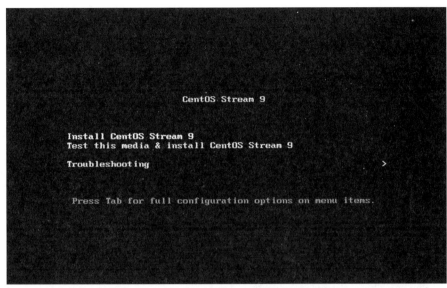

图 2-19　CentOS Stream 9 的安装引导界面

（4）单击 CentOS Stream 9 的安装引导界面，当鼠标指针消失时，便可以操作虚拟机 Spark01。使用键盘的 ↑ 键或者 ↓ 键选择 Install CentOS Stream 9 选项。当选项的字体变为白色时，按下键盘的 Enter 键启动 CentOS Stream 9 的初始化过程。初始化完成后会进入"欢迎使用 CENTOS STREAM 9"界面，在该界面选择 CentOS Stream 9 使用的语言为简体中文（中国），如图 2-20 所示。

图 2-20　"欢迎使用 CENTOS STREAM 9"界面

(5) 在"欢迎使用 CENTOS STREAM 9"界面,单击"继续"按钮进入"安装信息摘要"界面,如图 2-21 所示。

图 2-21　"安装信息摘要"界面(1)

(6) 在图 2-21 中,单击"网络和主机名"图标进入"网络和主机名"界面,在该界面首先开启以太网(ens33),然后将主机名设置为 spark01,最后单击"应用"按钮使设置主机名的操作生效,如图 2-22 所示。

图 2-22　"网络和主机名"界面

在图 2-22 中,当以太网(ens33)为开启状态时,VMware Workstation 将根据 NAT 模式的虚拟机网络配置信息为当前虚拟机分配 IP 地址、默认路由和 DNS。需要说明的是,由于 VMware Workstation 的虚拟机网络配置信息可能存在差异,所以每台计算机中虚拟机分配的 IP 地址、默认路由等内容也会有所不同。

(7) 在图 2-22 中,单击"完成"按钮返回"安装信息摘要"界面,在该界面单击"时间和日期"图标进入"时间和日期"界面,在该界面指定"地区"和"城市"下拉框的内容为亚洲和上海,以及网络时间为开启,如图 2-23 所示。

图 2-23 "时间和日期"界面

在图 2-23 中,当网络时间开启时,虚拟机将通过网络同步系统时间。

(8) 在图 2-23 中,单击"完成"按钮返回"安装信息摘要"界面,在该界面单击"安装目标位置"图标进入"安装目标位置"界面,在该界面选择存储配置为自动,表示自动创建磁盘分区,如图 2-24 所示。

图 2-24 "安装目标位置"界面

(9) 在图 2-24 中,单击"完成"按钮返回"安装信息摘要"界面,在该界面单击"软件选择"图标,进入"软件选择"界面,在该界面选择 Minimal Install 单选按钮,表示仅安装操作系统的基本功能(不包括图形用户界面),如图 2-25 所示。

在图 2-25 中,选择 Minimal Install 单选按钮的目的是使操作系统更加轻量级,以减

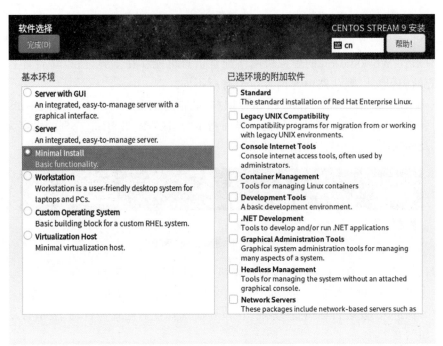

图 2-25　"软件选择"界面

少系统资源的消耗。

（10）在图 2-25 中，单击"完成"按钮返回"安装信息摘要"界面，在该界面单击"root 密码"图标进入"ROOT 密码"界面，在该界面的"Root 密码"和"确认"输入框输入 123456，表示指定用户 root 的密码为 123456，如图 2-26 所示。

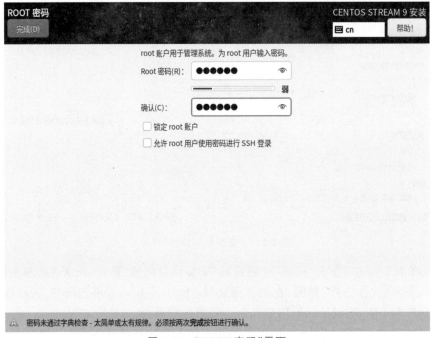

图 2-26　"ROOT 密码"界面

需要注意的是，由于设置用户 root 的密码过于简单，在图 2-26 的下方会出现"密码未通过字典检查-太简单或太有规律。必须按两次完成按钮进行确认。"的提示信息。

（11）在图 2-26 中，按照提示信息单击两次"完成"按钮返回"安装信息摘要"界面，如图 2-27 所示。

图 2-27 "安装信息摘要"界面（2）

在图 2-27 中，确认"时间和日期"选项的内容包含"亚洲/上海 时区"。"软件选择"选项的内容包含 Minimal Install。"安装目标位置"选项的内容包含"已选择自动分区"。"网络和主机名"选项的内容包含"已连接：ens33"。"root 密码"选项的内容包含"已经设置 root 密码"。

（12）在图 2-27 中，单击"开始安装"按钮，进入安装 CentOS Stream 9 的"安装进度"界面，如图 2-28 所示。

CentOS Stream 9 安装完成的效果如图 2-29 所示。

（13）在图 2-29 中，单击"重启系统"按钮重启虚拟机 Spark01，待虚拟机重启完成后将进入虚拟机 Spark01 的登录界面，如图 2-30 所示。

（14）在图 2-30 中通过用户 root 登录虚拟机 Spark01。首先，在"spark01 login："的位置输入 root 后按 Enter 键。然后，在"Password："的位置输入 123456 后再次按 Enter 键，如图 2-31 所示。

在图 2-31 中，出现"[root@spark01 ～]♯"信息，表示通过用户 root 成功登录虚拟机 Spark01。至此，成功在虚拟机 Spark01 安装了 Linux 操作系统的发行版 CentOS Stream 9。

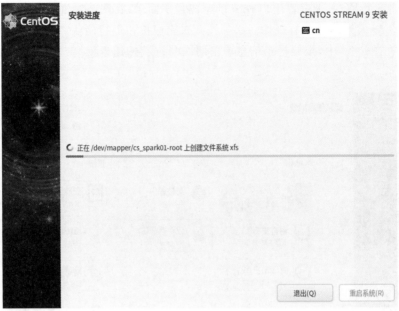

图 2-28　"安装进度"界面

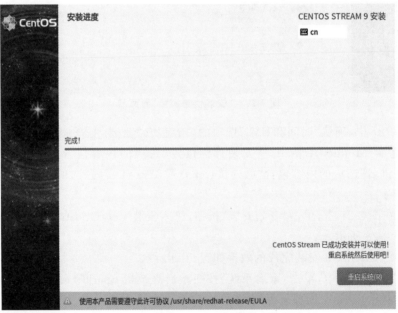

图 2-29　CentOS Stream 9 安装完成的效果

图 2-30　虚拟机 Spark01 的登录界面　　　　图 2-31　登录虚拟机 Spark01

2.1.3　克隆虚拟机

目前已经成功创建了一台安装 Linux 操作系统的虚拟机。由于集群环境需要多台虚拟机,如果每台虚拟机都按照 2.1.1 和 2.1.2 节介绍的方式创建,那么这个过程会过于烦琐,所以这里介绍另外一种创建虚拟机的方式——克隆虚拟机。

VMware Workstation 提供了两种克隆虚拟机的方式,分别是完整克隆和链接克隆。

1. 完整克隆

完整克隆通过复制原始虚拟机的方式创建新虚拟机,新虚拟机拥有独立的磁盘文件,与原始虚拟机无资源共享,可独立运行。

2. 链接克隆

链接克隆通过引用原始虚拟机的方式创建新虚拟机,新虚拟机与原始虚拟机共享同一虚拟磁盘文件,因此无法在脱离原始虚拟机的情况下独立运行。

在集群环境中,由于完整克隆的虚拟机拥有独立的磁盘文件,每个节点的磁盘读写操作不会受到单一磁盘文件性能的瓶颈限制,因此相较于链接克隆,完整克隆通常能提供更优越的性能表现。因此,本项目将采用完整克隆的方式,通过复制虚拟机 Spark01 创建虚拟机 Spark02 和 Spark03,具体操作步骤如下。

(1)克隆虚拟机之前,需要关闭虚拟机 Spark01。在 VMware Workstation 的主界面右击虚拟机 Spark01,在弹出的菜单中依次选择"电源"→"关闭客户机"选项关闭虚拟机 Spark01,如图 2-32 所示。

图 2-32　关闭虚拟机 Spark01

在图 2-32 中,选择"关闭客户机"选项后,会弹出一个提示框,询问"确认要关闭

Spark01 的客户机操作系统吗?",在该提示框中单击"关机"按钮即可。

(2) 在 VMware Workstation 的主界面右击虚拟机 Spark01,在弹出的菜单中依次选择"管理"→"克隆"选项打开"欢迎使用克隆虚拟机向导"界面,如图 2-33 所示。

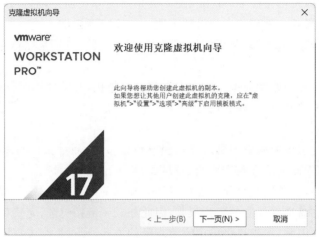

图 2-33　"欢迎使用克隆虚拟机向导"界面

(3) 在图 2-33 中,单击"下一页"按钮进入"克隆源"界面,在该界面选择克隆自虚拟机中的当前状态,如图 2-34 所示。

图 2-34　"克隆源"界面

(4) 在图 2-34 中,单击"下一页"按钮进入"克隆类型"界面,在该界面选择克隆方法为创建完整克隆,如图 2-35 所示。

(5) 在图 2-35 中,单击"下一页"按钮,进入"新虚拟机名称"界面,在该界面设置虚拟机名称为 Spark02 并指定虚拟机的存储位置,如图 2-36 所示。

(6) 在图 2-36 中,单击"完成"按钮进入"正在克隆虚拟机"界面,如图 2-37 所示。

在图 2-37 中,等待虚拟机 Spark02 创建完成后,单击"关闭"按钮即可。

重复虚拟机 Spark02 的创建过程,在 VMware Workstation 中创建虚拟机 Spark03。

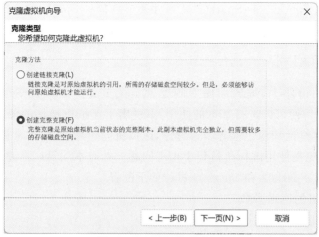

图 2-35　"克隆类型"界面

图 2-36　"新虚拟机名称"界面

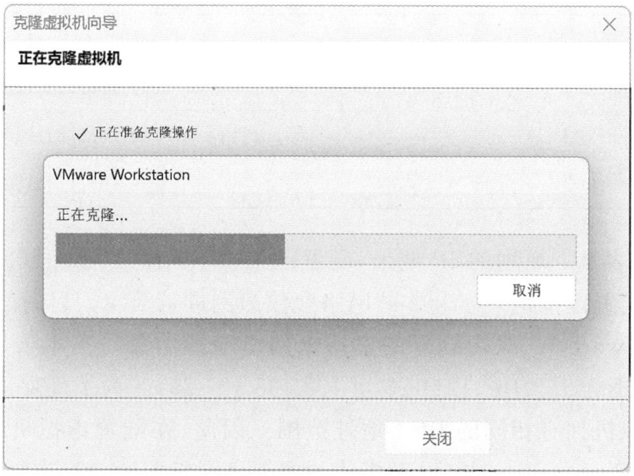

图 2-37　"正在克隆虚拟机"界面

注意：虚拟机 Spark02 和 Spark03 是通过复制虚拟机 Spark01 创建的,因此,这两台虚拟机中用户 root 的密码与虚拟机 Spark01 中用户 root 的密码相同。

2.1.4 配置虚拟机

在追求成功的道路上,细致而周密的准备至关重要。虚拟机 Spark01、Spark02 和 Spark03 创建完成后便可以进行基本的使用,不过出于虚拟机操作的便利性、集群中各虚拟机之间通信的连续性和稳定性等因素考虑,虚拟机创建完成后,通常需要对其进行一些基本配置,从而避免在使用虚拟机过程中出现问题。针对本项目所搭建的集群环境,需要对虚拟机 Spark01、Spark02 和 Spark03 进行如下配置。

- 配置虚拟机的网络参数。
- 配置虚拟机的主机名和 IP 映射。
- 配置虚拟机 SSH 远程登录。
- 配置虚拟机 SSH 免密登录。

接下来,依次完成虚拟机的上述配置,具体内容如下。

1. 配置虚拟机的网络参数

配置虚拟机的网络参数,主要是将虚拟机 Spark01、Spark02 和 Spark03 的网络设置为静态 IP。默认情况下,虚拟机创建后会使用动态 IP,但动态 IP 存在一个缺点,即当虚拟机因故障、断电等原因需要重启时,其 IP 地址可能会发生变化。如果集群中某台虚拟机的 IP 地址发生变化,其他虚拟机将无法通过原先指定的 IP 地址来访问它,这将对集群的稳定性产生不利影响。因此,为了防止虚拟机重启后 IP 地址发生变化,通常将虚拟机配置为静态 IP。

在将虚拟机的网络更改为静态 IP 时,需要指定固定的 IP 地址,并确保集群中的每台虚拟机具有唯一的 IP 地址,以避免 IP 地址冲突。最好的做法是提前规划每台虚拟机使用的 IP 地址。本项目中,规划虚拟机 Spark01、Spark02 和 Spark03 的 IP 地址如表 2-1 所示。

表 2-1   规划虚拟机 **Spark01**、**Spark02** 和 **Spark03** 的 IP 地址

虚 拟 机	IP 地 址
Spark01	192.168.121.128
Spark02	192.168.121.129
Spark03	192.168.121.130

接下来,根据表 2-1 规划的 IP 地址,配置虚拟机 Spark01、Spark02 和 Spark03 的网络参数。这里以配置虚拟机 Spark02 的网络参数为例进行演示,具体操作步骤如下。

（1）修改 VMware Workstation 的虚拟机网络配置信息。在本项目中,虚拟机所使用的 IPv4 地址范围为 192.168.121.128 至 192.168.121.254。为了确保读者使用的虚拟机与本项目中的虚拟机拥有相同的 IPv4 地址范围。因此,在配置虚拟机的网络参数之前,需要对 VMware Workstation 中 NAT 模式的虚拟机网络配置信息进行修改,具体操作步骤如下。

① 在 VMware Workstation 主界面依次选择"编辑"→"虚拟网络编辑器…"选项打开"虚拟网络编辑器"对话框,在该对话框内选择类型为 NAT 模式的网卡,如图 2-38 所示。

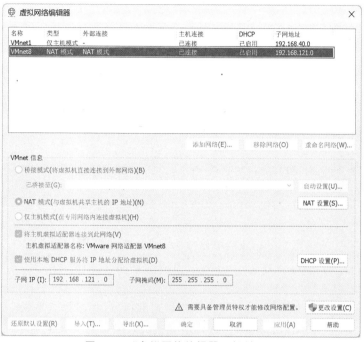

图 2-38　"虚拟网络编辑器"对话框(1)

② 在图 2-38 中,单击"更改设置"按钮后再次选择类型为 NAT 模式的网卡,并将"子网 IP"输入框中的内容更改为 192.168.121.0,如图 2-39 所示。

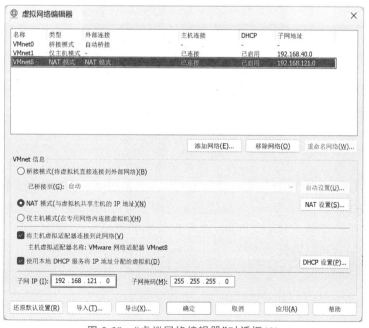

图 2-39　"虚拟网络编辑器"对话框(2)

在图 2-39 中,单击"应用"按钮以完成对 VMware Workstation 虚拟机网络配置信息的修改。

注意:为了使 VMware Workstation 虚拟机网络配置信息的修改生效,需要在虚拟机 Spark01、Spark02 和 Spark03 中重新启用网卡 ens33 的网络连接。分别在这 3 台虚拟机中执行如下命令。

```
nmcli c up ens33
```

(2)编辑网络配置文件。通过编辑虚拟机的网络配置文件 ens33.nmconnection,修改虚拟机中网卡 ens33 的配置信息。在虚拟机 Spark02 中执行如下命令。

```
vi /etc/NetworkManager/system-connections/ens33.nmconnection
```

上述命令执行完成后,对网络配置文件 ens33.nmconnection 中的配置信息进行如下修改。

① 将[ipv4]下方参数 method 的值修改为 manual,以使用静态 IP。

② 在[ipv4]下方添加参数 address1,用于指定 IP 地址和网关,其参数值为 192.168.121.129/24,192.168.121.2。

③ 在[ipv4]下方添加参数 dns,用于指定域名解析器,其参数值为 8.8.8.8。

网络配置文件 ens33.nmconnection 修改完成的效果如图 2-40 所示。

图 2-40   网络配置文件 ens33.nmconnection 修改完成的效果

网络配置文件 ens33.nmconnection 修改完成后,保存并退出编辑。

(3)修改 UUID。UUID 的主要作用是为分布式系统中的各个节点分配唯一的标识码。然而,虚拟机 Spark02 和 Spark03 是通过克隆虚拟机 Spark01 的方式创建,这会导致 3 台虚拟机具有相同的 UUID。因此,需要在虚拟机 Spark02 和 Spark03 中重新生成 UUID,并将其替换掉网络配置文件 ens33.nmconnection 中默认的 UUID。分别在虚拟机 Spark02 和 Spark03 执行如下命令。

```
sed -i '/uuid=/c\uuid='`uuidgen`'' \
/etc/NetworkManager/system-connections/ens33.nmconnection
```

上述命令执行完成后,可以编辑网络配置文件 ens33.nmconnection 来检查参数 uuid 的值是否发生变化。

注意:在修改 UUID 的命令中,uuidgen 需要使用"`"(反引号)修饰,表示执行 uuidgen 命令生成 UUID。

(4)重新加载网络配置文件。当网络配置文件 ens33.nmconnection 中的配置信息发生更改时,这些更改不会立即生效,需要在虚拟机中重新加载网络配置文件 ens33.nmconnection,使其更改的配置信息生效。在虚拟机 Spark02 执行如下命令。

```
nmcli c reload
```

(5)查看网卡的 IP 地址信息。通过查看虚拟机中网卡的 IP 地址信息,确认 IP 地址是否修改成功。在虚拟机 Spark02 执行如下命令。

```
ip addr
```

上述命令执行完成的效果如图 2-41 所示。

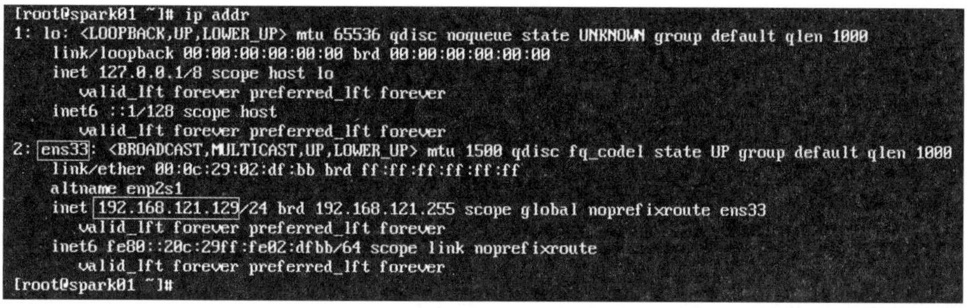

```
[root@spark01 ~]# ip addr
1: lo: <LOOPBACK,UP,LOWER_UP> mtu 65536 qdisc noqueue state UNKNOWN group default qlen 1000
    link/loopback 00:00:00:00:00:00 brd 00:00:00:00:00:00
    inet 127.0.0.1/8 scope host lo
       valid_lft forever preferred_lft forever
    inet6 ::1/128 scope host
       valid_lft forever preferred_lft forever
2: ens33: <BROADCAST,MULTICAST,UP,LOWER_UP> mtu 1500 qdisc fq_codel state UP group default qlen 1000
    link/ether 00:0c:29:02:df:bb brd ff:ff:ff:ff:ff:ff
    altname enp2s1
    inet 192.168.121.129/24 brd 192.168.121.255 scope global noprefixroute ens33
       valid_lft forever preferred_lft forever
    inet6 fe80::20c:29ff:fe02:dfbb/64 scope link noprefixroute
       valid_lft forever preferred_lft forever
[root@spark01 ~]#
```

图 2-41　查看网卡的 IP 地址信息

从图 2-41 可以看出,虚拟机 Spark02 的 IP 地址为 192.168.121.129,说明 IP 地址修改成功。如果虚拟机 Spark02 的 IP 地址没有发生变化,那么可以尝试重新启用网卡 ens33 的网络连接,具体命令如下。

```
nmcli c up ens33
```

读者可参考配置虚拟机 Spark02 网络参数的操作,自行配置虚拟机 Spark01 和 Spark03 的网络参数。

注意:在虚拟机 Spark01、Spark02 和 Spark03 的网络配置文件 ens33.nmconnection 中,参数 dns 的值都是 8.8.8.8。虚拟机 Spark01 的网络配置文件 ens33.nmconnection 中参数 address1 的值需要设置为 192.168.121.128/24,192.168.121.2。虚拟机 Spark03 的网络配置文件 ens33.nmconnection 中参数 address1 的值需要设置为 192.168.121.130/ 24,192.168.121.2。

2.配置虚拟机的主机名和 IP 映射

在集群环境中,IP 地址作为各节点的标识具有关键意义。通过 IP 地址,能够明确访问集群中的特定节点。然而,考虑到 IP 地址难以记忆,直接通过 IP 地址访问节点可能会带来不便。为了解决这一问题,可以建立主机名与 IP 地址的映射关系,从而实现通过主机名来访问节点,使得整个访问过程更加便捷和高效。

接下来,将演示如何配置虚拟机 Spark01、Spark02 和 Spark03 的主机名和 IP 地址,具体操作步骤如下。

(1) 修改主机名。在集群环境中,每个节点的主机名必须是唯一的。然而,虚拟机 Spark02 和 Spark03 是通过克隆虚拟机 Spark01 的方式创建,导致 3 台虚拟机具有相同的主机名。为了使每个虚拟机具有独立的主机名,需要在虚拟机 Spark02 和 Spark03 上分别执行以下命令,将其主机名分别修改为 spark02 和 spark03。

```
#在虚拟机 Spark02 执行
hostnamectl set-hostname spark02
#在虚拟机 Spark03 执行
hostnamectl set-hostname spark03
```

上述命令执行完成后,为了使修改主机名的操作生效,需要重新启动虚拟机 Spark02 和 Spark03,分别在这两台虚拟机执行如下命令。

```
reboot
```

(2) 修改映射文件。分别在虚拟机 Spark01、Spark02 和 Spark03 中执行如下命令编辑映射文件 hosts。

```
vi /etc/hosts
```

上述命令执行完成后,在映射文件 hosts 中添加虚拟机 Spark01、Spark02 和 Spark03 的主机名与 IP 地址之间的映射关系,具体内容如下。

```
192.168.121.128 spark01
192.168.121.129 spark02
192.168.121.130 spark03
```

在映射文件 hosts 中添加完上述内容后,保存并退出编辑。

小提示:建议读者在本地计算机的映射文件 hosts 中同样添加虚拟机 Spark01、Spark02 和 Spark03 的主机名与 IP 地址之间的映射关系,避免在本地计算机中访问集群环境中的某些服务时,自动将 IP 地址重定向至主机名,导致无法访问的问题出现。

3. 配置虚拟机 SSH 远程登录

在 VMware Workstation 中操作虚拟机时,可能会有一些不便之处。例如,在虚拟机和宿主机之间进行复制和粘贴的操作时不够方便。为了提升虚拟机操作的便捷性,通常会为虚拟机配置 SSH 远程登录,以便使用 SSH 工具远程登录虚拟机进行操作。

接下来,以虚拟机 Spark02 为例演示如何为虚拟机配置 SSH 远程登录,具体操作步骤如下。

（1）查看 SSH 服务的运行状态。使用 SSH 工具远程登录虚拟机时，需要确保虚拟机中的 SSH 服务处于启动状态。在虚拟机 Spark02 执行如下命令查看 SSH 服务的运行状态。

```
systemctl status sshd
```

上述命令执行完成的效果如图 2-42 所示。

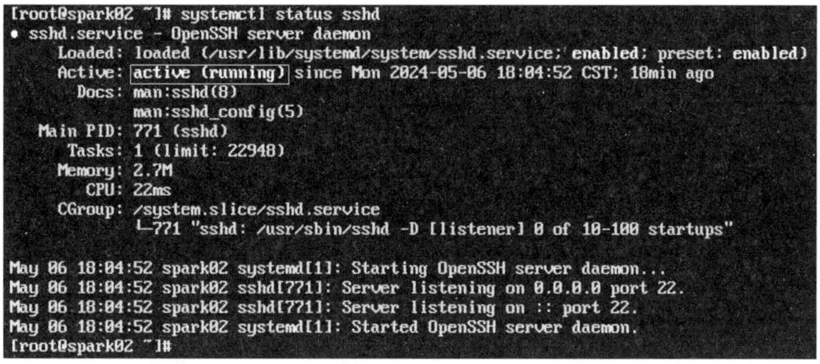

图 2-42　查看 SSH 服务的运行状态

从图 2-42 可以看出，SSH 服务运行状态的信息中出现 active(running)，说明 SSH 服务处于启动状态。若 SSH 服务运行状态的信息中出现 inactive(dead)，说明 SSH 服务处于停止状态，需要读者在虚拟机中执行如下命令启动 SSH 服务。

```
systemctl start sshd
```

（2）修改 SSH 服务的配置文件。在使用 SSH 工具远程登录虚拟机时，需要提供用户名和密码进行身份验证。由于在虚拟机安装 Linux 操作系统过程中未创建其他用户，所以这里使用默认用户 root 进行远程登录。

默认情况下，CentOS Stream 9 不允许使用 root 用户进行远程登录。因此，需要修改 SSH 服务的配置文件 sshd_config。在虚拟机 Spark02 中执行如下命令编辑配置文件 sshd_config。

```
vi /etc/ssh/sshd_config
```

上述命令执行完成后，在配置文件 sshd_config 的末尾添加如下内容。

```
PermitRootLogin yes
```

上述内容，表示允许使用 root 用户进行远程登录。在配置文件 sshd_config 中添加完上述内容后，保存并退出编辑。

（3）重启 SSH 服务。为了使配置文件 sshd_config 中添加的内容生效，需要重新启动 SSH 服务。在虚拟机 Spark02 中执行如下命令。

```
systemctl restart sshd
```

（4）使用 SSH 工具远程登录虚拟机。通过 SSH 工具 Tabby 远程登录虚拟机 Spark02，具体操作步骤如下。

① 打开 Tabby，进入欢迎界面，如图 2-43 所示。

图 2-43　欢迎界面

② 在图 2-43 中，单击 ⚙ 按钮进入设置界面，在该界面中选择"配置和连接"选项，如图 2-44 所示。

图 2-44　设置界面（1）

③ 在图 2-44 中，单击"新建"下拉框，在弹出的菜单中选择"新配置"选项打开"选择一个基本配置作为模板"对话框，如图 2-45 所示。

图 2-45　"选择一个基本配置作为模板"对话框

④ 在图 2-45 中，选择"SSH 连接"选项，在打开的对话框中配置远程登录虚拟机 Spark02 的相关内容。首先，在"名称"输入框内定义 SSH 连接的名称为 Spark02。然后，在"主机"输入框内指定虚拟机 Spark02 的 IP 地址为 192.168.121.129，如图 2-46 所示。

图 2-46　配置远程登录虚拟机 Spark02 的相关内容（1）

⑤ 在图 2-46 中，向下滑动鼠标滚轮继续配置远程登录虚拟机 Spark02 的相关内容。首先，在"用户名"输入框内指定登录虚拟机 Spark02 的用户为 root。然后，单击"设置密码"按钮，在弹出的对话框内输入用户 root 的密码，如图 2-47 所示。

图 2-47　配置远程登录虚拟机 Spark02 的相关内容（2）

⑥ 在图 2-47 中，单击 OK 按钮保存密码后，"密码"部分的内容会变更为此连接已保存密码，并且"设置密码"按钮会变更为"忘记"按钮，如图 2-48 所示。

图 2-48　配置远程登录虚拟机 Spark02 的相关内容（3）

如果读者输入的密码有误,可以在图 2-48 中单击"忘记"按钮删除密码,此时"忘记"按钮又会变更为"设置密码"按钮,再次单击"设置密码"按钮,在打开的对话框内重新输入密码即可。

⑦ 在图 2-48 中,单击"保存"按钮返回到设置界面,在该界面可以看到新创建的 SSH 连接 Spark02,如图 2-49 所示。

图 2-49　设置界面(2)

如果读者需要对 SSH 连接 Spark02 的配置信息进行修改,可以在图 2-49 中单击 SSH 连接 Spark02,在弹出的对话框修改相应的内容即可。在图 2-49 中,读者可以将鼠标移动到设置和欢迎的位置,通过单击✖按钮来关闭设置和欢迎界面。

⑧ 在图 2-49 中,单击▢按钮,在打开的对话框中单击 SSH 连接 Spark02 打开"主机密钥校验"对话框,如图 2-50 所示。

图 2-50　"主机密钥校验"对话框

⑨ 在图 2-50 中,单击"接受并记住密钥"按钮保存主机密钥,并登录虚拟机 Spark02。成功登录虚拟机 Spark02 的效果如图 2-51 所示。

读者可参照为虚拟机 Spark02 配置 SSH 远程登录的操作步骤,自行为虚拟机 Spark01 和 Spark03 配置 SSH 远程登录。本项目后续关于虚拟机的操作,都是通过 SSH 工具 Tabby 实现的。

图 2-51　成功登录虚拟机 Spark02 的效果

4. 配置虚拟机 SSH 免密登录

在集群环境中,主节点需要频繁访问从节点以监测其运行状态。然而,每次访问从节点时都需要通过输入密码的方式进行验证,这可能会对集群的连续运行造成一定的干扰。因此,为了提高访问效率并确保集群的稳定性,为主节点配置 SSH 免密登录是一种有效的解决方案。这种配置可以避免在访问从节点时频繁输入密码,从而提高整个集群的效率和响应速度。

本项目使用虚拟机 Spark01 作为集群环境的主节点。接下来,将演示如何为虚拟机 Spark01 配置免密登录,使其可以免密登录虚拟机 Spark02 和 Spark03,具体操作步骤如下。

(1) 实现 SSH 免密登录的首要任务是为虚拟机生成密钥,在虚拟机 Spark01 执行如下命令。

```
ssh-keygen -t rsa
```

上述命令执行完成后,根据提示信息按 Enter 键进行确认,如图 2-52 所示。

在图 2-52 中,标注部分需要读者按 Enter 键进行确认。生成的密钥包含私钥文件 id_rsa 和公钥文件 id_rsa.pub,它们默认被存储在/root/.ssh 目录中。

(2) 将公钥文件复制到集群环境中相关联的所有虚拟机(包括自身),在虚拟机 Spark01 执行下列命令。

```
#将公钥文件复制到虚拟机 Spark01
ssh-copy-id spark01
#将公钥文件复制到虚拟机 Spark02
ssh-copy-id spark02
#将公钥文件复制到虚拟机 Spark03
ssh-copy-id spark03
```

在执行上述命令时,读者需要根据提示信息输入两部分内容。首先,输入 yes 并按 Enter 键,以确认连接到指定的虚拟机。然后,输入所连接虚拟机中用户 root 的登录密码。例如,将公钥文件复制到虚拟机 Spark02 的执行效果如图 2-53 所示。

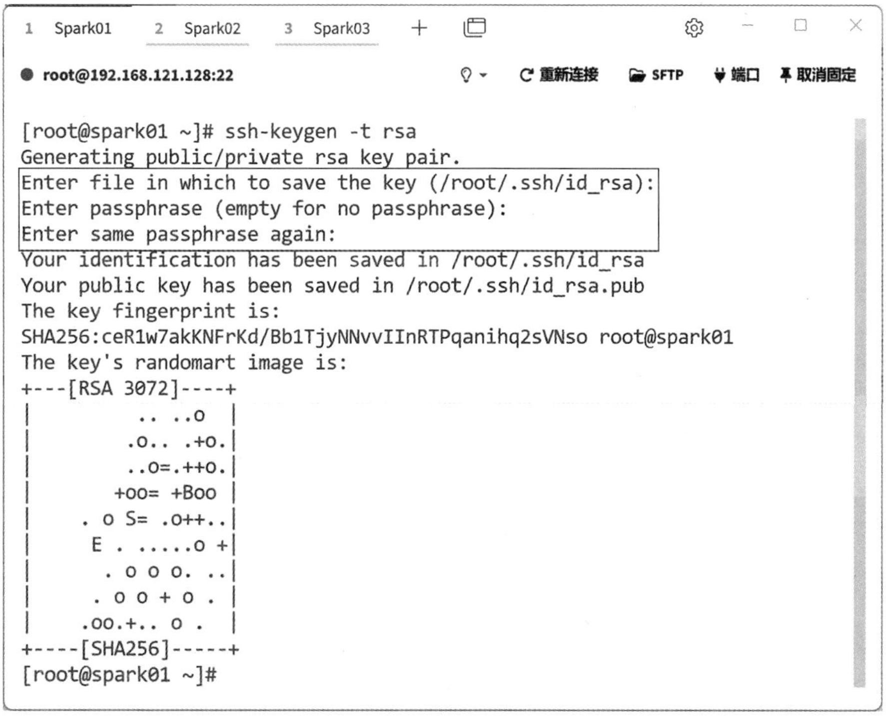

图 2-52　生成密钥

图 2-53　将公钥文件复制到虚拟机 Spark02 的执行效果

图 2-53 中标注的部分需要读者根据提示信息输入相关内容。

（3）在虚拟机 Spark01 中，使用 ssh 命令验证是否可以免密登录到集群中任意关联的虚拟机（包括自身）。例如，验证虚拟机 Spark01 是否可以免密登录到虚拟机 Spark02，具体命令如下。

```
ssh spark02
```

上述命令的执行效果如图 2-54 所示。

图 2-54　虚拟机 Spark01 免密登录到虚拟机 Spark02

从图 2-54 可以看出，主机名已经由 spark01 更改为 spark02，说明已经成功登录到虚拟机 Spark02。在此期间，并未输入任何密码。若需要退出登录，则可以执行 exit 命令。

脚下留心：关闭防火墙

CentOS Stream 9 默认启用的防火墙（Firewalld）可能会限制集群内服务器之间的通信。针对不同网络环境，建议采取以下措施：

- 若集群内所有服务器均处于内网环境，可直接关闭自带的防火墙以简化配置。
- 若集群内所有服务器均处于外网环境，则不建议直接关闭，而应根据实际需求谨慎开放必要端口，确保仅授权流量通过，或者关闭自带防火墙，转而部署功能更强大、配置更灵活的第三方或硬件防火墙，以提供更全面的网络安全防护。

由于在本项目中，虚拟机 Spark01、Spark02 和 Spark03 均处于内网环境，所以可以直接关闭防火墙，并禁止其在系统启动时自动启动即可。分别在 3 台虚拟机中执行下列命令。

```
#关闭防火墙
systemctl stop firewalld
#禁止防火墙在系统启动时自动启动
systemctl disable firewalld
```

2.2　安装 JDK

在本项目搭建的集群环境中，涉及多种类型的大数据技术，这些技术需要基于 JVM（Java 虚拟机）运行，如 Hadoop、Flume、Kafka 等。因此，在搭建集群环境之前，需要在虚拟机 Spark01、Spark02 和 Spark03 中安装 JDK。考虑到兼容性，本项目选择 JDK 的版本为 8。接下来演示如何在这 3 台虚拟机中安装 JDK。

1. 创建目录

为了规范集群环境中的目录结构，需要在虚拟机 Spark01、Spark02 和 Spark03 上分别创建如下目录。

（1）/export/software：用于存放安装包。

（2）/export/data：用于存放数据。

（3）/export/servers：用于存放软件的安装目录。

分别在虚拟机 Spark01、Spark02 和 Spark03 执行下列命令。

```
mkdir -p /export/software
mkdir -p /export/data
mkdir -p /export/servers
```

2. 上传 JDK 安装包

将适用于 Linux 操作系统的 JDK 安装包 jdk-8u401-linux-x64.tar.gz 上传到虚拟机 Spark01 的/export/software 目录中，具体操作步骤如下。

（1）在远程登录虚拟机 Spark01 的窗口中，单击 SFTP 按钮打开 SFTP 对话框，如图 2-55 所示。

图 2-55　SFTP 对话框（1）

（2）在 SFTP 对话框中，显示了虚拟机 Spark01 的根目录结构。依次选择 export→software 选项，进入存放安装包的目录/export/software，如图 2-56 所示。

图 2-56　SFTP 对话框（2）

（3）在图 2-56 中，单击"上传"按钮打开"打开"对话框，在该对话框中选择本地文件系统中已经准备好的 JDK 安装包 jdk-8u401-linux-x64.tar.gz,将其上传到虚拟机 Spark01 的/export/software 目录中。成功将 JDK 安装包上传到虚拟机 Spark01 的/export/software 目录后,效果如图 2-57 所示。

图 2-57　SFTP 对话框(3)

从图 2-57 可以看出,在虚拟机 Spark01 的/export/software 目录中存在 JDK 安装包 jdk-8u401-linux-x64.tar.gz。此时,可以单击"文件传输"和 SFTP 对话框的×按钮来关闭 这两个对话框。

3. 安装 JDK

采用解压缩方式将 JDK 安装至虚拟机的/export/servers 目录。这里暂时先在虚拟 机 Spark01 中完成 JDK 的安装,关于在其他虚拟机中安装 JDK 的操作,后续将通过分发 的方式实现。在虚拟机 Spark01 执行如下命令。

```
tar -zxvf /export/software/jdk-8u401-linux-x64.tar.gz -C /export/servers/
```

上述命令执行完成后,会在虚拟机 Spark01 的/export/servers 目录中生成一个名为 jdk1.8.0_401 的文件夹。

4. 分发 JDK 安装目录

使用 scp 命令将虚拟机 Spark01 中的 JDK 安装目录分发到虚拟机 Spark02 和 Spark03 的/export/servers 目录,从而在虚拟机 Spark02 和 Spark03 中完成 JDK 的安装。 在虚拟机 Spark01 中执行下列命令。

```
#将 JDK 安装目录分发到虚拟机 Spark02
scp -r /export/servers/jdk1.8.0_401/ spark02:/export/servers/
#将 JDK 安装目录分发到虚拟机 Spark03
scp -r /export/servers/jdk1.8.0_401/ spark03:/export/servers/
```

5. 配置 JDK 系统环境变量

为了确保集群环境能够找到正确的 Java 运行时环境,需要在虚拟机中配置 JDK 系 统环境变量。这里暂时先在虚拟机 Spark01 中完成配置 JDK 系统环境变量的操作,关于 在其他虚拟机中配置 JDK 系统环境变量的操作,后续将通过分发的方式实现。

在虚拟机 Spark01 中编辑系统环境变量文件 profile,具体命令如下。

```
vi /etc/profile
```

上述命令执行完成后,在系统环境变量文件 profile 的末尾添加如下内容。

```
export JAVA_HOME=/export/servers/jdk1.8.0_401/
export PATH=$PATH:$JAVA_HOME/bin
```

在系统环境变量文件 profile 中添加完上述内容后,保存并退出编辑。

6. 分发系统环境变量文件

使用 scp 命令将虚拟机 Spark01 中的系统环境变量文件 profile 分发到虚拟机 Spark02 和 Spark03 的/etc 目录,从而在虚拟机 Spark02 和 Spark03 中配置 JDK 的系统环境变量。在虚拟机 Spark01 中执行下列命令。

```
#将系统环境变量文件 profile 分发到虚拟机 Spark02
scp /etc/profile spark02:/etc/
#将系统环境变量文件 profile 分发到虚拟机 Spark03
scp /etc/profile spark03:/etc/
```

7. 初始化系统环境变量

初始化虚拟机的系统环境变量,使系统环境变量文件 profile 中添加的内容生效。分别在虚拟机 Spark01、Spark02 和 Spark03 执行如下命令。

```
source /etc/profile
```

在 3 台虚拟机中执行完上述命令后,可以在任意一台虚拟机中执行查看 JDK 版本号的命令,验证 JDK 是否安装成功,具体命令如下。

```
java -version
```

例如,在虚拟机 Spark01 中执行上述命令的效果如图 2-58 所示。

图 2-58　查看 JDK 版本号

图 2-58 中显示了 JDK 的版本号为 1.8.0_401,说明成功在虚拟机 Spark01 中安

装 JDK。

2.3　部署 Hadoop 集群

在本项目中，需要使用到 Hive，并且基于 Spark On YARN 模式部署 Spark，这两者都依赖于 Hadoop。因此，在部署 Hive 和 Spark 之前，需要先完成 Hadoop 集群的部署。在本项目中，将采用完全分布式模式部署 Hadoop 集群。

部署 Hadoop 集群的关键在于配置 HDFS 集群和 YARN 集群，这两者都采用了主从架构。其中，HDFS 集群的核心包括一个 NameNode 和多个 DataNode。在完全分布式模式下，HDFS 还提供了一个 SecondaryNameNode 用于辅助 NameNode。而 YARN 集群的核心由一个 ResourceManager 和多个 NodeManager 组成。

接下来，将演示如何使用虚拟机 Spark01、Spark02 和 Spark03 来部署 Hadoop 集群，具体操作步骤如下。

1. 集群规划

集群规划的主要目的是明确 Hadoop 集群中各个服务所运行的虚拟机。本项目关于 Hadoop 集群规划情况如表 2-2 所示。

表 2-2　Hadoop 集群规划情况

服　　务	Spark01	Spark02	Spark03
NameNode	√		
DataNode		√	√
SecondaryNameNode		√	
ResourceManager	√		
NodeManager		√	√

针对表 2-2 中 Hadoop 集群各个服务的介绍如下。

（1）NameNode 负责管理文件系统的命名空间和元数据。

（2）DataNode 负责存储文件系统中文件的数据块。

（3）SecondaryNameNode 负责周期性地合并 EditLog（文件系统镜像）和 FsImage（编辑日志）来缩短 NameNode 的启动时间。通常情况下，将 SecondaryNameNode 与 NameNode 部署在不同的虚拟机。

（4）ResourceManager 负责集群的资源分配和任务调度。

（5）NodeManager 负责管理本地资源并执行来自 ResourceManager 分配的任务。

2. 上传 Hadoop 安装包

参考上传 JDK 安装包的方式，将 Hadoop 安装包 hadoop-3.3.6.tar.gz 上传到虚拟机 Spark01 的/export/software 目录中。

3. 安装 Hadoop

采用解压缩方式将 Hadoop 安装至虚拟机的/export/servers 目录。这里暂时先在虚拟机 Spark01 中完成 Hadoop 的安装,关于在其他虚拟机中安装 Hadoop 的操作,后续将通过分发的方式实现。在虚拟机 Spark01 执行如下命令。

```
tar -zxvf /export/software/hadoop-3.3.6.tar.gz -C /export/servers/
```

4. 修改配置文件 hadoop-env.sh

配置文件 hadoop-env.sh 用于设置 Hadoop 的环境变量和运行参数。在虚拟机 Spark01 的 /export/servers/hadoop-3.3.6/etc/hadoop/ 目录中,使用 vi 编辑器编辑配置文件 hadoop-env.sh,在文件的末尾添加如下内容。

```
#指定 JDK 的安装目录
export JAVA_HOME=/export/servers/jdk1.8.0_401/
#指定运行 NameNode 的用户 root
export HDFS_NAMENODE_USER=root
#指定运行 DataNode 的用户 root
export HDFS_DATANODE_USER=root
#指定运行 SecondaryNameNode 的用户 root
export HDFS_SECONDARYNAMENODE_USER=root
#指定运行 ResourceManager 的用户 root
export YARN_RESOURCEMANAGER_USER=root
#指定运行 NodeManager 的用户 root
export YARN_NODEMANAGER_USER=root
```

在配置文件 hadoop-env.sh 中添加上述内容后,保存并退出编辑。

5. 修改配置文件 core-site.xml

core-site.xml 是 Hadoop 的核心配置文件。在虚拟机 Spark01 的 /export/servers/hadoop-3.3.6/etc/hadoop/ 目录中,使用 vi 编辑器编辑配置文件 core-site.xml,在文件的 <configuration> 标签中添加如下内容。

```
<!-- 指定 NameNode 的通信地址 -->
<property>
    <name>fs.defaultFS</name>
    <value>hdfs://spark01:8020</value>
</property>
<!-- 指定 Hadoop 集群存储临时文件的目录 /export/data/hadoop/tmp -->
<property>
    <name>hadoop.tmp.dir</name>
    <value>/export/data/hadoop/tmp</value>
</property>
<!-- 指定 Hadoop 集群的 HTTP 服务使用的静态用户 root -->
<property>
    <name>hadoop.http.staticuser.user</name>
    <value>root</value>
```

```
    </property>
    <!-- 允许任何主机通过代理用户 root 访问 Hadoop 集群 -->
    <property>
        <name>hadoop.proxyuser.root.hosts</name>
        <value> * </value>
    </property>
    <!-- 允许任何用户组的用户通过代理用户 root 访问 Hadoop 集群 -->
    <property>
        <name>hadoop.proxyuser.root.groups</name>
        <value> * </value>
    </property>
```

在配置文件 core-site.xml 的＜configuration＞标签中添加上述内容后,保存并退出编辑。

6. 修改配置文件 hdfs-site.xml

hdfs-site.xml 是 HDFS 的核心配置文件。在虚拟机 Spark01 的/export/servers/hadoop-3.3.6/etc/hadoop/目录中,使用 vi 编辑器编辑配置文件 hdfs-site.xml,在文件的＜configuration＞标签中添加如下内容。

```
    <!-- 指定 HDFS 的副本数为 2 -->
    <property>
        <name>dfs.replication</name>
        <value>2</value>
    </property>
    <!-- 指定 NameNode 存储元数据的目录 -->
    <property>
        <name>dfs.namenode.name.dir</name>
        <value>/export/data/hadoop/namenode</value>
    </property>
    <!-- 指定 DataNode 存储数据块的目录 -->
    <property>
        <name>dfs.datanode.data.dir</name>
        <value>/export/data/hadoop/datanode</value>
    </property>
    <!-- 指定 NameNode 存储检查点(checkpoint)的目录 -->
    <property>
        <name>dfs.namenode.checkpoint.dir</name>
        <value>/export/data/hadoop/checkpoint</value>
    </property>
    <!-- 指定 NameNode 的 Web 端通信地址 -->
    <property>
        <name>dfs.namenode.http-address</name>
        <value>spark01:9870</value>
```

```
</property>
<!-- 指定 SecondaryNameNode 的 Web 端通信地址 -->
<property>
    <name>dfs.namenode.secondary.http-address</name>
    <value>spark02:9868</value>
</property>
```

在配置文件 hdfs-site.xml 的＜configuration＞标签中添加上述内容后,保存并退出编辑。

7. 修改配置文件 mapred-site.xml

mapred-site.xml 是 MapReduce 的核心配置文件。在虚拟机 Spark01 的/export/servers/hadoop-3.3.6/etc/hadoop/目录中,使用 vi 编辑器编辑配置文件 mapred-site.xml,在文件的＜configuration＞标签中添加如下内容。

```
<!-- 指定在 YARN 中运行 MapReduce 程序 -->
<property>
    <name>mapreduce.framework.name</name>
    <value>yarn</value>
</property>
<!-- 指定 MapReduce 程序的 ApplicationMaster 环境变量 -->
<property>
    <name>yarn.app.mapreduce.am.env</name>
    <value>HADOOP_MAPRED_HOME=/export/servers/hadoop-3.3.6</value>
</property>
<!-- 指定历史服务器的通信地址 -->
<property>
    <name>mapreduce.jobhistory.address</name>
    <value>spark03:10020</value>
</property>
<!-- 指定历史服务器的 Web 端通信地址 -->
<property>
    <name>mapreduce.jobhistory.webapp.address</name>
    <value>spark03:19888</value>
</property>
```

在配置文件 mapred-site.xml 的＜configuration＞标签中添加上述内容后,保存并退出编辑。

8. 修改配置文件 yarn-site.xml

yarn-site.xml 是 YARN 的核心配置文件。在虚拟机 Spark01 的/export/servers/hadoop-3.3.6/etc/hadoop/目录中,使用 vi 编辑器编辑配置文件 yarn-site.xml,在文件的＜configuration＞标签中添加如下内容。

```xml
<!-- 指定 ResourceManager 的地址 -->
<property>
    <name>yarn.resourcemanager.hostname</name>
    <value>spark01</value>
</property>
<!-- 启用 MapReduce Shuffle 服务 -->
<property>
    <name>yarn.nodemanager.aux-services</name>
    <value>mapreduce_shuffle</value>
</property>
<!-- 指定 NodeManager 允许使用的环境变量 -->
<property>
    <name>yarn.nodemanager.env-whitelist</name>
    <value>JAVA_HOME,HADOOP_COMMON_HOME,HADOOP_HDFS_HOME,HADOOP_CONF_DIR,
CLASSPATH_PREPEND_DISTCACHE,HADOOP_YARN_HOME,HADOOP_MAPRED_HOME</value>
</property>
<!-- 开启 YARN 的日志聚合服务 -->
<property>
    <name>yarn.log-aggregation-enable</name>
    <value>true</value>
</property>
<!-- 指定日志聚合服务的地址 -->
<property>
    <name>yarn.log.server.url</name>
    <value>http://spark03:19888/jobhistory/logs</value>
</property>
<!-- 设置日志聚合服务保留日志的时间(秒) -->
<property>
    <name>yarn.log-aggregation.retain-seconds</name>
    <value>604800</value>
</property>
<!-- 关闭物理内存检查 -->
<property>
    <name>yarn.nodemanager.pmem-check-enabled</name>
    <value>false</value>
</property>
<!-- 关闭虚拟内存检查 -->
<property>
    <name>yarn.nodemanager.vmem-check-enabled</name>
    <value>false</value>
</property>
```

上述内容中,关闭物理内存和虚拟内存检查的原因是,本项目中为虚拟机分配的内存较小。启用物理内存和虚拟内存的检查功能可能会限制应用程序使用的内存,导致应用程序在运行过程中被终止。

在配置文件 yarn-site.xml 的＜configuration＞标签中添加上述内容后,保存并退出编辑。

9. 修改配置文件 workers

配置文件 workers 用于指定 DataNode 和 NodeManager 的地址。在虚拟机 Spark01 的/export/servers/hadoop-3.3.6/etc/hadoop/目录中,使用 vi 编辑器编辑配置文件 workers,将文件默认的内容修改为如下内容。

```
spark02
spark03
```

配置文件 workers 中的内容修改为上述内容后,保存并退出编辑。

10. 分发 Hadoop 安装目录

使用 scp 命令将虚拟机 Spark01 中的 Hadoop 安装目录分发到虚拟机 Spark02 和 Spark03 的/export/servers 目录,从而在虚拟机 Spark02 和 Spark03 中完成 Hadoop 的安装和配置。在虚拟机 Spark01 中执行下列命令。

```
#将 Hadoop 安装目录分发到虚拟机 Spark02
scp -r /export/servers/hadoop-3.3.6/ spark02:/export/servers/
#将 Hadoop 安装目录分发到虚拟机 Spark03
scp -r /export/servers/hadoop-3.3.6/ spark03:/export/servers/
```

11. 配置 Hadoop 系统环境变量

为了便于 Hadoop 集群的管理和使用,需要在虚拟机中配置 Hadoop 系统环境变量。这里暂时先在虚拟机 Spark01 中完成配置 Hadoop 系统环境变量的操作,关于在其他虚拟机中配置 Hadoop 系统环境变量的操作,后续将通过分发的方式实现。

在虚拟机 Spark01 中使用 vi 编辑器编辑系统环境变量文件 profile,在文件的末尾添加如下内容。

```
export HADOOP_HOME=/export/servers/hadoop-3.3.6
export PATH=$PATH:$HADOOP_HOME/bin
export PATH=$PATH:$HADOOP_HOME/sbin
```

在系统环境变量文件 profile 中添加完上述内容后,保存并退出编辑。

12. 分发系统环境变量文件

使用 scp 命令将虚拟机 Spark01 中的系统环境变量文件 profile 分发到虚拟机 Spark02 和 Spark03 的/etc 目录,从而在虚拟机 Spark02 和 Spark03 中配置 Hadoop 的系统环境变量。在虚拟机 Spark01 中执行下列命令。

```
#将系统环境变量文件 profile 分发到虚拟机 Spark02
scp /etc/profile spark02:/etc/
```

```
#将系统环境变量文件 profile 分发到虚拟机 Spark03
scp /etc/profile spark03:/etc/
```

13. 初始化系统环境变量

初始化虚拟机的系统环境变量，使系统环境变量文件 profile 中添加的内容生效。分别在虚拟机 Spark01、Spark02 和 Spark03 执行如下命令。

```
source /etc/profile
```

14. 格式化文件系统

在启动 Hadoop 集群之前，需要在 NameNode 所在的服务器上执行格式化文件系统的命令。在虚拟机 Spark01 执行如下命令。

```
hdfs namenode -format
```

上述命令执行完成的效果如图 2-59 所示。

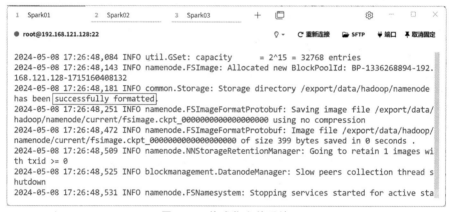

图 2-59　格式化文件系统

从图 2-59 可以看出，执行格式化文件系统的命令后，显示了 successfully formatted 的提示信息，说明成功格式化文件系统。

15. 启动 HDFS 集群

通过 Hadoop 提供的一键启动脚本 start-dfs.sh 启动 HDFS 集群。在虚拟机 Spark01 执行如下命令。

```
start-dfs.sh
```

上述命令执行完成后，分别在虚拟机 Spark01、Spark02 和 Spark03 中执行 jps 命令查看运行的 Java 进程，如图 2-60 所示。

```
[root@spark01 ~]# jps        [root@spark02 ~]# jps        [root@spark03 ~]# jps
2035 NameNode               1717 SecondaryNameNode       1937 Jps
2859 Jps                    1607 DataNode                1625 DataNode
[root@spark01 ~]#           2010 Jps                     [root@spark03 ~]#
                            [root@spark02 ~]#
```

图 2-60　查看虚拟机中运行的 Java 进程（1）

从图 2-60 可以看出，虚拟机 Spark01 中运行着名为 NameNode 的 Java 进程；虚拟机 Spark02 中运行着名为 SecondaryNameNode 和 DataNode 的 Java 进程；虚拟机 Spark03 中运行着名为 DataNode 的 Java 进程。因此说明，HDFS 集群启动成功。

16. 启动 YARN 集群

通过 Hadoop 提供的一键启动脚本 start-yarn.sh 启动 YARN 集群。在虚拟机 Spark01 执行如下命令。

```
start-yarn.sh
```

上述命令执行完成后，分别在虚拟机 Spark01、Spark02 和 Spark03 中执行 jps 命令查看运行的 Java 进程，如图 2-61 所示。

```
[root@spark01 ~]# jps       [root@spark02 ~]# jps       [root@spark03 ~]# jps
2035 NameNode             1717 SecondaryNameNode      2003 NodeManager
3257 Jps                  2246 Jps                    1625 DataNode
2956 ResourceManager      1607 DataNode               2153 Jps
[root@spark01 ~]#         2092 NodeManager           [root@spark03 ~]#
                          [root@spark02 ~]#
```

图 2-61　查看虚拟机中运行的 Java 进程（2）

从图 2-61 可以看出，虚拟机 Spark01 中运行着名为 ResourceManager 的 Java 进程；虚拟机 Spark02 中运行着名为 NodeManager 的 Java 进程；虚拟机 Spark03 中运行着名为 NodeManager 的 Java 进程。因此说明，YARN 集群启动成功。

17. 启动历史服务

为了方便查看 YARN 中运行的历史应用程序，在虚拟机 Spark03 中启动历史服务，具体命令如下。

```
mapred --daemon start historyserver
```

上述命令执行完成后，在虚拟机 Spark03 中执行 jps 命令查看运行的 Java 进程，如图 2-62 所示。

从图 2-62 可以看出，虚拟机 Spark03 中运行着名为 JobHistoryServer 的 Java 进程，说明历史服务启动成功。

```
[root@spark03 servers]# jps
2674 NodeManager
2996 JobHistoryServer
2537 DataNode
3068 Jps
[root@spark03 servers]#
```

图 2-62　查看虚拟机 Spark03
中运行的 Java 进程

读者可以通过在本地计算机的浏览器中输入 http://192.168.121.130:19888/访问 YARN 的历史服务。

至此，便完成了 Hadoop 集群的部署。

小提示：关闭 HDFS 集群、YARN 集群和历史服务的命令如下。

```
#关闭 HDFS 集群
stop-dfs.sh
#关闭 YARN 集群
stop-yarn.sh
#关闭历史服务
mapred --daemon stop historyserver
```

上述命令中,关闭 HDFS 和 YARN 集群的命令需要在虚拟机 Spark01 执行。关闭历史服务的命令需要在虚拟机 Spark03 执行。值得一提的是,YARN 的历史服务会消耗虚拟机 Spark03 资源,建议读者在不需要查看 YARN 中运行的历史应用程序时,暂时关闭该服务。如需查看历史运行记录,再启动 YARN 的历史服务即可。

2.4　部署 Hive

本项目通过 Hive 构建数据仓库来存储用户行为数据和数据分析的结果。因此,在项目实施之前需要完成 Hive 的部署。在本书中,为了均衡集群环境中各节点的负载,可选择在 Spark01 上部署 Hive,具体操作步骤如下。

1. 安装 MySQL

在本项目中,将使用关系数据库 MySQL 来存储 Hive 的元数据。因此,在部署 Hive 之前,需要在虚拟机 Spark01 中完成 MySQL 的安装,具体操作步骤如下。

(1)在虚拟机 Spark01 中安装用于从网络下载文件的工具 wget,以便获取 MySQL 8.4 版本的源配置文件,具体命令如下。

```
yum -y install wget
```

(2)使用 wget 下载 MySQL 8.4 版本的源配置文件 mysql84-community-release-el9-1.noarch.rpm。在虚拟机 Spark01 的/export/software 目录执行如下命令。

```
wget http://dev.mysql.com/get/mysql84-community-release-el9-1.noarch.rpm
```

上述命令执行完成后,会将 MySQL 8.4 版本的源配置文件下载到虚拟机 Spark01 的/export/software 目录中。

(3)使用包管理器 yum 安装源配置文件 mysql84-community-release-el9-1.noarch.rpm,使系统可以访问 MySQL 8.4 版本的软件包和相关存储库。在虚拟机 Spark01 的/export/software 目录执行如下命令。

```
yum -y install mysql84-community-release-el9-1.noarch.rpm
```

(4)使用包管理器 yum 安装 MySQL。在虚拟机 Spark01 执行如下命令。

```
yum -y install mysql-community-server
```

至此,便完成了 MySQL 的安装。

2. 启动 MySQL 服务

在虚拟机 Spark01 中启动 MySQL 服务,具体命令如下。

```
systemctl start mysqld
```

3. 查看 MySQL 服务运行状态

在虚拟机 Spark01 中查看 MySQL 服务运行状态，具体命令如下。

```
systemctl status mysqld
```

上述命令执行完成的效果如图 2-63 所示。

图 2-63　查看 MySQL 服务运行状态

从图 2-63 可以看出，MySQL 服务运行状态的信息中出现 active(running)，说明 MySQL 服务处于启动状态。为了使虚拟机 Spark01 在开机后自动启动 MySQL 服务，可以执行如下命令。

```
systemctl enable mysqld
```

4. 查看初始密码

MySQL 安装完成后，默认会为本地用户 root 提供一个初始密码，以便登录 MySQL 进行相关配置。在虚拟机 Spark01 执行如下命令查看初始密码。

```
grep 'temporary password' /var/log/mysqld.log
```

上述命令执行完成的效果如图 2-64 所示。

图 2-64　查看初始密码

从图 2-64 可以看出，本地用户 root 的初始密码为 8♯d:DR8QD;aj。需要说明的是，每次安装 MySQL 时，本地用户 root 的初始密码都会有所不同。

5. 修改初始密码

在使用 MySQL 之前，建议先对本地用户 root 的初始密码进行修改，具体操作步骤如下。

（1）通过本地用户 root 登录 MySQL，在虚拟机 Spark01 执行如下命令。

```
mysql -uroot -p
```

上述命令执行完成的效果如图 2-65 所示。

图 2-65　登录 MySQL（1）

（2）在图 2-65 中的"Enter password："位置输入本地用户 root 的初始密码，然后按下 Enter 键，如图 2-66 所示。

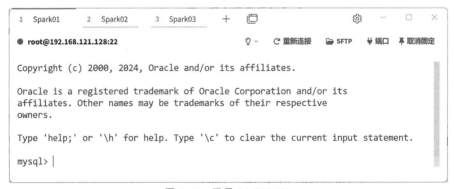

图 2-66　登录 MySQL（2）

在图 2-66 中，出现"mysql>"提示符说明成功登录 MySQL，并进入 MySQL 命令行界面，在该界面可以执行 SQL 语句来操作 MySQL。

（3）将本地用户 root 的初始密码修改为 Itcast@2024。在 MySQL 命令行界面执行如下命令。

```
mysql> ALTER USER 'root'@'localhost' IDENTIFIED BY 'Itcast@2024';
```

（4）重新加载 MySQL 的权限表，使用户权限的更改立即生效。在 MySQL 命令行界面执行如下命令。

```
mysql> FLUSH PRIVILEGES;
```

上述命令执行完成后，可以在 MySQL 命令行界面通过 exit 命令退出登录。然后，再次使用本地用户 root 登录 MySQL，以验证初始密码是否修改成功。

6. 上传 Hive 安装包

参考上传 JDK 安装包的方式，将 Hive 安装包 apache-hive-3.1.3-bin.tar.gz 上传到虚拟机 Spark01 的/export/software 目录中。

7. 安装 Hive

采用解压缩方式将 Hive 安装至虚拟机 Spark01 的/export/servers 目录，具体命令如下。

```
tar -zxvf /export/software/apache-hive-3.1.3-bin.tar.gz -C /export/servers/
```

上述命令执行完成后，会在虚拟机 Spark01 的/export/servers 目录中生成一个名为 apache-hive-3.1.3-bin 的文件夹，这里将其重命名为 hive-3.1.3。在虚拟机 Spark01 执行如下命令。

```
mv /export/servers/apache-hive-3.1.3-bin/ /export/servers/hive-3.1.3
```

8. 添加驱动

在使用 MySQL 存储 Hive 的元数据时，Hive 需要通过 JDBC 与 MySQL 建立连接。因此，需要参考上传 JDK 安装包的方式，将 MySQL 8.4 版本的 JDBC 驱动 mysql-connector-j-8.4.0.jar 上传到/export/servers/hive-3.1.3/lib 目录中。

9. 修改配置文件 hive-site.xml

进入虚拟机 Spark01 的/export/servers/hive-3.1.3/conf 目录，在该目录下创建并编辑配置文件 hive-site.xml，具体命令如下。

```
vi hive-site.xml
```

上述命令执行完成后，在配置文件 hive-site.xml 中添加如下内容。

```
<?xml version="1.0"?>
<?xml-stylesheet type="text/xsl" href="configuration.xsl"?>
<configuration>
    <!-- 配置连接 MySQL 的 URL 地址(包括指定存储 Hive 元数据的数据库 metastore) -->
    <property>
        <name>javax.jdo.option.ConnectionURL</name>
            <value>jdbc:mysql://localhost:3306/metastore?createDatabaseIfNotExist
=true&amp;characterEncoding=UTF-8&amp;useSSL=false&amp;allowPublicKeyRetrieval=
true</value>
```

```
    </property>
    <!-- 配置 JDBC 驱动的类名 -->
    <property>
        <name>javax.jdo.option.ConnectionDriverName</name>
        <value>com.mysql.cj.jdbc.Driver</value>
    </property>
    <!-- 配置登录 MySQL 的用户名 -->
    <property>
        <name>javax.jdo.option.ConnectionUserName</name>
        <value>root</value>
    </property>
    <!-- 配置登录 MySQL 的用户的密码 -->
    <property>
        <name>javax.jdo.option.ConnectionPassword</name>
        <value>Itcast@2024</value>
    </property>
    <!-- 配置 Hive 在 HDFS 中存储数据的目录 -->
    <property>
        <name>hive.metastore.warehouse.dir</name>
        <value>/hive/warehouse</value>
    </property>
    <!-- 配置 Metastore 服务使用的地址和端口号 -->
    <property>
        <name>hive.metastore.uris</name>
        <value>thrift://spark01:9083</value>
    </property>
    <!-- 配置 HiveServer2 服务绑定的主机名或 IP 地址 -->
    <property>
        <name>hive.server2.thrift.bind.host</name>
        <value>spark01</value>
    </property>
    <!-- 配置 HiveServer2 服务使用的端口号 -->
    <property>
        <name>hive.server2.thrift.port</name>
        <value>10000</value>
    </property>
    <!-- 配置 Hive 禁用元数据授权机制 -->
    <property>
        <name>hive.metastore.event.db.notification.api.auth</name>
        <value>false</value>
    </property>
    <!-- 配置 Hive 禁用验证元数据存储模式 -->
    <property>
```

```
            <name>hive.metastore.schema.verification</name>
            <value>false</value>
        </property>
    </configuration>
```

在配置文件 hive-site.xml 中添加完上述内容后，保存并退出编辑。

10. 配置 Hive 系统环境变量

为了便于 Hive 的管理和使用，需要在虚拟机 Spark01 中配置 Hive 系统环境变量。在虚拟机 Spark01 中使用 vi 编辑器编辑系统环境变量文件 profile，在文件的末尾添加如下内容。

```
export HIVE_HOME=/export/servers/hive-3.1.3
export PATH=$PATH:$HIVE_HOME/bin
```

在系统环境变量文件 profile 中添加完上述内容后，保存并退出编辑。

11. 初始化系统环境变量

初始化虚拟机的系统环境变量，使系统环境变量文件 profile 中添加的内容生效。在虚拟机 Spark01 执行如下命令。

```
source /etc/profile
```

12. 初始化 Hive 元数据

在 MySQL 的数据库 metastore 中初始化 Hive 元数据。在虚拟机 Spark01 中执行如下命令。

```
schematool -initSchema -dbType mysql -verbose
```

上述命令执行完成后的效果如图 2-67 所示。

图 2-67　初始化 Hive 元数据

从图 2-67 可以看出，Hive 元数据初始化完成后，显示了 Initialization script completed 信息，说明成功初始化 Hive 元数据。

至此，便完成了 Hive 的部署。

13. 连接 Hive

首先，在虚拟机 Spark01 中启动 Metastore 服务，并将日志信息输出到/export/data 目录的 metastore.log 文件中，具体命令如下。

```
nohup hive --service metastore > /export/data/metastore.log 2>&1 &
```

上述命令执行完成后，会在虚拟机 Spark01 中启动一个名为 RunJar 的 Java 进程。然后，使用 Hive CLI 连接 Hive，具体命令如下。

```
hive
```

上述命令执行完成后的效果如图 2-68 所示。

图 2-68　使用 Hive CLI 连接 Hive

在图 2-68 中，出现"hive>"提示符说明成功连接 Hive，并进入 Hive 命令行界面，在该界面可以执行 HiveQL 语句来操作 Hive。若读者希望退出连接，则可以在 Hive 命令行界面执行如下命令。

```
exit;
```

小提示：若读者想要关闭 Metastore 服务，则可以执行如下命令。

```
kill $(ps aux | grep -E "HiveMetaStore" | awk '{print $2}' | head -n 1)
```

2.5　部署 Flume

本项目通过 Flume 采集用户行为数据。因此，在项目实施之前需要完成 Flume 的部署。在本书中，为了均衡集群环境中各节点的负载，选择在 Spark03 上部署 Flume，具体操作步骤如下。

1. 上传 Flume 安装包

参考上传 JDK 安装包的方式，将 Flume 安装包 apache-flume-1.10.1-bin.tar.gz 上传到虚拟机 Spark03 的/export/software 目录中。

2.安装 Flume

采用解压缩方式将 Flume 安装至虚拟机 Spark03 的 /export/servers 目录,具体命令如下。

```
tar -zxvf /export/software/apache-flume-1.10.1-bin.tar.gz \
-C /export/servers/
```

上述命令执行完成后,会在虚拟机 Spark03 的 /export/servers 目录中生成一个名为 apache-flume-1.10.1-bin 的文件夹,这里将其重命名为 flume-1.10.1。在虚拟机 Spark03 执行如下命令。

```
mv /export/servers/apache-flume-1.10.1-bin/ /export/servers/flume-1.10.1
```

3.配置 Flume 系统环境变量

为了便于 Flume 的管理和使用,需要在虚拟机中配置 Flume 系统环境变量。在虚拟机 Spark03 中使用 vi 编辑器编辑系统环境变量文件 profile,在文件的末尾添加如下内容。

```
export FLUME_HOME=/export/servers/flume-1.10.1
export PATH=$PATH:$FLUME_HOME/bin
```

在系统环境变量文件 profile 中添加完上述内容后,保存并退出编辑。

4.初始化系统环境变量

初始化虚拟机的系统环境变量,使系统环境变量文件 profile 中添加的内容生效。在虚拟机 Spark03 执行如下命令。

```
source /etc/profile
```

至此,便完成了 Flume 的部署。

2.6　部署 ZooKeeper 集群

在本项目中,需要使用 Kafka 将用户行为数据传输到 Structured Streaming 进行流处理。然而,Kafka 的运行依赖于 ZooKeeper 集群。因此,在部署 Kafka 之前,需要先完成 ZooKeeper 集群的部署。接下来,将演示如何在虚拟机 Spark01、Spark02 和 Spark03 中部署 ZooKeeper 集群,具体操作步骤如下。

1.上传 ZooKeeper 安装包

参考上传 JDK 安装包的方式,将 ZooKeeper 安装包 apache-zookeeper-3.9.2-bin.tar.gz 上传到虚拟机 Spark01 的 /export/software 目录中。

2.安装 ZooKeeper

采用解压缩方式将 ZooKeeper 安装至虚拟机的 /export/servers 目录。这里暂时先在虚拟机 Spark01 中完成 ZooKeeper 的安装,关于在其他虚拟机中安装 ZooKeeper 的操作,后续将通过分发的方式实现。在虚拟机 Spark01 执行如下命令。

```
tar -zxvf /export/software/apache-zookeeper-3.9.2-bin.tar.gz \
-C /export/servers/
```

上述命令执行完成后,会在虚拟机 Spark01 的/export/servers 目录中生成一个名为 apache-zookeeper-3.9.2-bin 的文件夹,这里将其重命名为 zookeeper-3.9.2。在虚拟机 Spark01 执行如下命令。

```
mv /export/servers/apache-zookeeper-3.9.2-bin/ \
/export/servers/zookeeper-3.9.2
```

3. 创建配置文件 zoo.cfg

通过复制模板文件 zoo_sample.cfg 创建配置文件 zoo.cfg。在虚拟机 Spark01 的 /export/servers/zookeeper-3.9.2/conf 目录中执行如下命令。

```
cp zoo_sample.cfg zoo.cfg
```

4. 修改配置文件 zoo.cfg

在虚拟机 Spark01 中,使用 vi 编辑器编辑配置文件 zoo.cfg。首先,修改参数 dataDir 的值为/export/data/zookeeper,表示 ZooKeeper 将数据存储到/export/data/zookeeper 目录中。然后,在文件的末尾添加如下内容。

```
1    server.1=spark01:2888:3888
2    server.2=spark02:2888:3888
3    server.3=spark03:2888:3888
```

上述内容用于指定 ZooKeeper 集群中各节点的地址信息,其中第 1 行代码表示唯一标识为 1 的节点运行在主机名为 spark01 的虚拟机 Spark01 中,该节点通过 2888 端口进行通信,并且通过 3888 端口进行 Leader 选举。

第 2 行代码表示唯一标识为 2 的节点运行在主机名为 spark02 的虚拟机 Spark02 中,该节点通过 2888 端口进行通信,并且通过 3888 端口进行 Leader 选举。

第 3 行代码表示唯一标识为 3 的节点运行在主机名为 spark03 的虚拟机 Spark03 中,该节点通过 2888 端口进行通信,并且通过 3888 端口进行 Leader 选举。

配置文件 zoo.cfg 的内容修改完成后,保存并退出编辑。

5. 分发 ZooKeeper 安装目录

使用 scp 命令将虚拟机 Spark01 中的 ZooKeeper 安装目录分发到虚拟机 Spark02 和 Spark03 的/export/servers 目录,从而在虚拟机 Spark02 和 Spark03 中完成 ZooKeeper 的安装和配置。在虚拟机 Spark01 中执行下列命令。

```
#将 ZooKeeper 安装目录分发到虚拟机 Spark02
scp -r /export/servers/zookeeper-3.9.2/ spark02:/export/servers/
#将 ZooKeeper 安装目录分发到虚拟机 Spark03
scp -r /export/servers/zookeeper-3.9.2/ spark03:/export/servers/
```

6. 创建数据存储目录

在虚拟机中创建 ZooKeeper 进行数据存储的目录/export/data/zookeeper。分别在虚拟机 Spark01、Spark02 和 Spark03 中执行如下命令。

```
mkdir -p /export/data/zookeeper
```

7. 创建 myid 文件

myid 文件是一个位于数据存储目录中的纯文本文件。该文件中只包含一个整数,表示 ZooKeeper 集群中不同节点的唯一标识,这个标识与配置文件 zoo.cfg 中 ZooKeeper 集群的地址信息相关。例如,如果唯一标识为 1 的节点运行在虚拟机 Spark01 中,那么在虚拟机 Spark01 中 myid 文件的内容必须是 1。

根据配置文件 zoo.cfg 中 ZooKeeper 集群的地址信息,分别在虚拟机 Spark01、Spark02 和 Spark03 的/export/data/zookeeper 目录中创建 myid 文件,并将相应的值插入文件中,具体操作步骤如下。

（1）在虚拟机 Spark01 中执行如下命令,创建 myid 文件并将 1 插入文件中。

```
echo 1 > /export/data/zookeeper/myid
```

（2）在虚拟机 Spark02 中执行如下命令,创建 myid 文件并将 2 插入文件中。

```
echo 2 > /export/data/zookeeper/myid
```

（3）在虚拟机 Spark03 中执行如下命令,创建 myid 文件并将 3 插入文件中。

```
echo 3 > /export/data/zookeeper/myid
```

8. 配置 ZooKeeper 系统环境变量

为了便于 ZooKeeper 集群的管理和使用,需要在虚拟机中配置 ZooKeeper 系统环境变量。分别在虚拟机 Spark01、Spark02 和 Spark03 中使用 vi 编辑器编辑系统环境变量文件 profile,在文件的末尾添加如下内容。

```
export ZK_HOME=/export/servers/zookeeper-3.9.2
export PATH=$PATH:$ZK_HOME/bin
```

在系统环境变量文件 profile 中添加完上述内容后,保存并退出编辑。

9. 初始化系统环境变量

初始化虚拟机的系统环境变量,使系统环境变量文件 profile 中添加的内容生效。分别在虚拟机 Spark01、Spark02 和 Spark03 执行如下命令。

```
source /etc/profile
```

10. 启动 ZooKeeper 服务

分别在虚拟机 Spark01、Spark02 和 Spark03 中执行如下命令启动 ZooKeeper 服务。

```
zkServer.sh start
```

11. 查看 ZooKeeper 服务运行状态

分别在虚拟机 Spark01、Spark02 和 Spark03 中执行如下命令来查看 ZooKeeper 服务运行状态。

```
zkServer.sh status
```

上述命令在 3 台虚拟机中执行完成的效果如图 2-69 所示。

图 2-69　查看 ZooKeeper 服务运行状态

从图 2-69 可以看出，虚拟机 Spark01 和 Spark03 为 ZooKeeper 集群的 follower 节点。虚拟机 Spark02 为 ZooKeeper 集群的 leader 节点。

至此，便完成了部署 ZooKeeper 集群的操作。

小提示：关闭 ZooKeeper 服务的命令如下。

```
zkServer.sh stop
```

2.7　部署 Kafka 集群

Kafka 可以在单台计算机上部署为单机模式，也可以在多台计算机上部署为集群模式。考虑 Kafka 的实际应用需要，本项目采用集群模式部署 Kafka。接下来，演示如何在虚拟机 Spark01、Spark02 和 Spark03 中部署 Kafka 集群，具体操作步骤如下。

1. 上传 Kafka 安装包

参考上传 JDK 安装包的方式，将 Kafka 安装包 kafka_2.12-3.6.2.tgz 上传到虚拟机 Spark01 的 /export/software 目录中。

2. 安装 Kafka

采用解压缩方式将 Kafka 安装至虚拟机的/export/servers 目录。这里暂时先在虚拟机 Spark01 中完成 Kafka 的安装，关于在其他虚拟机中安装 Kafka 的操作，后续将通过分发的方式实现。在虚拟机 Spark01 执行如下命令。

```
tar -zxvf /export/software/kafka_2.12-3.6.2.tgz -C /export/servers/
```

上述命令执行完成后，会在虚拟机 Spark01 的/export/servers 目录中生成一个名为 kafka_2.12-3.6.2 的文件夹。

3. 分发 Kafka 安装目录

使用 scp 命令将虚拟机 Spark01 中的 Kafka 安装目录分发到虚拟机 Spark02 和 Spark03 的/export/servers 目录，从而在虚拟机 Spark02 和 Spark03 中完成 Kafka 的安装。在虚拟机 Spark01 中执行下列命令。

```
#将 Kafka 安装目录分发到虚拟机 Spark02
scp -r /export/servers/kafka_2.12-3.6.2/ spark02:/export/servers/
#将 Kafka 安装目录分发到虚拟机 Spark03
scp -r /export/servers/kafka_2.12-3.6.2/ spark03:/export/servers/
```

4. 修改配置文件 server.properties

server.properties 是 Kafka 的核心配置文件，用于配置 Kafka 服务的相关参数。在 Kafka 集群中，每个 Kafka 服务使用的配置文件 server.properties 的内容会有所差异。接下来，分别演示如何修改虚拟机 Spark01、Spark02 和 Spark03 中的配置文件 server.properties，具体步骤如下。

（1）修改虚拟机 Spark01 中的配置文件 server.properties。进入虚拟机 Spark01 的

目录/export/servers/kafka_2.12-3.6.2/config,在该目录中使用 vi 编辑器编辑配置文件
server.properties,对该文件的内容进行如下配置。

① 删除参数 advertised. listeners 前方的 ♯ 以解除注释,并将其参数值修改为
PLAINTEXT://spark01:9092。

② 将参数 log.dirs 的参数值修改为/export/data/kafka。

③ 将参数 zookeeper.connect 的参数值修改为 spark01:2181,spark02:2181,spark03:
2181。

上述参数修改完成的效果如下所示。

```
#配置 Kafka 服务向客户端公开的网络地址
advertised.listeners=PLAINTEXT://spark01:9092
#配置 Kafka 服务存储消息的目录
log.dirs=/export/data/kafka
#配置 ZooKeeper 集群的地址
zookeeper.connect=spark01:2181,spark02:2181,spark03:2181
```

配置文件 server.properties 修改完成后,保存并退出编辑。

(2) 修改虚拟机 Spark02 中的配置文件 server.properties。进入虚拟机 Spark02 的
目录/export/servers/kafka_2.12-3.6.2/config,在该目录中使用 vi 编辑器编辑配置文件
server.properties,对该文件的内容进行如下配置。

① 将参数 broker.id 的参数值修改为 1。

② 删除参数 advertised. listeners 前方的 ♯ 以解除注释,并将其参数值修改为
PLAINTEXT://spark02:9092。

③ 将参数 log.dirs 的参数值修改为/export/data/kafka。

④ 将参数 zookeeper.connect 的参数值修改为 spark01:2181,spark02:2181,spark03:
2181。

上述参数修改完成的效果如下所示。

```
#指定 Kafka 服务的唯一标识
broker.id=1
#配置 Kafka 服务向客户端公开的网络地址
advertised.listeners=PLAINTEXT://spark02:9092
#配置 Kafka 服务存储消息的目录
log.dirs=/export/data/kafka
#配置 ZooKeeper 集群的地址
zookeeper.connect=spark01:2181,spark02:2181,spark03:2181
```

配置文件 server.properties 修改完成后,保存并退出编辑。

(3) 修改虚拟机 Spark03 中的配置文件 server.properties。进入虚拟机 Spark03 的
目录/export/servers/kafka_2.12-3.6.2/config,在该目录中使用 vi 编辑器编辑配置文件
server.properties,对该文件的内容进行如下配置。

① 将参数 broker.id 的参数值修改为 2。

② 删除参数 advertised.listeners 前方的 ♯ 以解除注释，并将其参数值修改为 PLAINTEXT://spark03:9092。

③ 将参数 log.dirs 的参数值修改为/export/data/kafka。

④ 将参数 zookeeper.connect 的参数值修改为 spark01:2181,spark02:2181,spark03:2181。

上述参数修改完成的效果如下所示。

```
#指定 Kafka 服务的唯一标识
broker.id=2
#配置 Kafka 服务向客户端公开的网络地址
advertised.listeners=PLAINTEXT://spark03:9092
#配置 Kafka 服务存储消息的目录
log.dirs=/export/data/kafka
#配置 ZooKeeper 集群的地址
zookeeper.connect=spark01:2181,spark02:2181,spark03:2181
```

配置文件 server.properties 修改完成后，保存并退出编辑。

5. 配置 Kafka 系统环境变量

为了便于 Kafka 集群的管理和使用，需要在虚拟机中配置 Kafka 系统环境变量。分别在虚拟机 Spark01、Spark02 和 Spark03 中使用 vi 编辑器编辑系统环境变量文件 profile，在文件的末尾添加如下内容。

```
export KAFKA_HOME=/export/servers/kafka_2.12-3.6.2
export PATH=$PATH:$KAFKA_HOME/bin
```

在系统环境变量文件 profile 中添加完上述内容后，保存并退出编辑。

6. 初始化系统环境变量

初始化虚拟机的系统环境变量，使系统环境变量文件 profile 中添加的内容生效。分别在虚拟机 Spark01、Spark02 和 Spark03 执行如下命令。

```
source /etc/profile
```

7. 启动 Kafka 服务

分别在虚拟机 Spark01、Spark02 和 Spark03 中启动 Kafka 服务，并将日志信息输出到/export/data 目录的 kafka.log 文件中，具体命令如下。

```
kafka-server-start.sh $KAFKA_HOME/config/server.properties \
> /export/data/kafka.log 2>&1 &
```

上述命令执行完成后，分别在虚拟机 Spark01、Spark02 和 Spark03 中执行 jps 命令查看运行的 Java 进程，如图 2-70 所示。

```
[root@spark01 ~]# jps          [root@spark02 servers]# jps     [root@spark03 be]# jps
36679 RunJar                   143316 Jps                      120256 QuorumPeerMain
71209 Kafka                    112425 NodeManager              120339 Kafka
75611 Jps                      112809 QuorumPeerMain           180647 Jps
5693 NameNode                  112905 Kafka                    2474 DataNode
69726 ResourceManager          1977 SecondaryNameNode          179950 JobHistoryServer
71038 QuorumPeerMain           1886 DataNode                   119996 NodeManager
[root@spark01 ~]# |             [root@spark02 servers]#        [root@spark03 be]#
```

图 2-70　查看虚拟机中运行的 Java 进程(3)

从图 2-70 可以看出,虚拟机 Spark01、Spark02 和 Spark03 中都启动了一个名为 Kafka 的 Java 进程。因此说明,成功在这 3 台虚拟机中启动了 Kafka 服务。

至此,便完成了部署 Kafka 集群的操作。

小提示:若读者想要关闭 Kafka 服务,则可以分别在虚拟机 Spark01、Spark02 和 Spark03 中执行如下命令。

```
kill $(jps | grep Kafka | awk '{print $1}')
```

2.8　部署 Spark

Spark 支持多种部署模式,包括 Standalone、Spark on YARN 等。在实际生产环境中,Spark 通常与 Hadoop 部署在同一集群环境中,为了提高集群环境的资源利用率,并充分利用 YARN 集群的高效资源分配功能,通常会选择基于 Spark on YARN 模式来进行 Spark 的部署。

Spark on YARN 模式是一种利用 YARN 集群来运行 Spark 程序的部署模式,它的原理是将 Spark 作为一个客户端,向 YARN 集群提交应用程序。因此,使用 Spark on YARN 模式部署 Spark 时,只需在一台虚拟机上安装 Spark 即可。

在本项目中,将使用虚拟机 Spark02 部署 Spark,具体操作步骤如下。

1. 上传 Spark 安装包

参考上传 JDK 安装包的方式,将 Spark 安装包 spark-3.4.3-bin-hadoop3.tgz 上传到虚拟机 Spark02 的/export/software 目录中。

2. 安装 Spark

采用解压缩方式将 Spark 安装至虚拟机 Spark02 的/export/servers 目录,具体命令如下。

```
tar -zxvf /export/software/spark-3.4.3-bin-hadoop3.tgz -C /export/servers/
```

上述命令执行完成后,会在虚拟机 Spark02 的/export/servers 目录中生成一个名为 spark-3.4.3-bin-hadoop3 的文件夹,这里将其重命名为 spark-3.4.3。在虚拟机 Spark02 执行如下命令。

```
mv /export/servers/spark-3.4.3-bin-hadoop3/ /export/servers/spark-3.4.3
```

3. 创建配置文件 spark-env.sh

通过复制模板文件 spark-env.sh.template 创建配置文件 spark-env.sh。在虚拟机 Spark02 的 /export/servers/spark-3.4.3/conf 目录中执行如下命令。

```
cp spark-env.sh.template spark-env.sh
```

4. 修改配置文件 spark-env.sh

在虚拟机 Spark02 的 /export/servers/spark-3.4.3/conf 目录中使用 vi 编辑器编辑配置文件 spark-env.sh，在该文件的末尾添加如下内容。

```
#配置 YARN 的配置文件目录,确保 Spark 能够正确地与 YARN 集成和通信
export YARN_CONF_DIR=/export/servers/hadoop-3.3.6/etc/hadoop
#配置 Spark 历史服务,并指定历史服务端口号、日志存储目录和记录数
export SPARK_HISTORY_OPTS="
-Dspark.history.ui.port=18080
-Dspark.history.fs.logDirectory=hdfs://spark01:8020/spark/history
-Dspark.history.retainedApplications=30"
```

在配置文件 spark-env.sh 中添加完上述内容后，保存并退出编辑。

5. 创建配置文件 spark-defaults.conf

通过复制模板文件 spark-defaults.conf.template 创建配置文件 spark-defaults.conf。在虚拟机 Spark02 的 /export/servers/spark-3.4.3/conf 目录中执行如下命令。

```
cp spark-defaults.conf.template spark-defaults.conf
```

6. 修改配置文件 spark-defaults.conf

在虚拟机 Spark02 的 /export/servers/spark-3.4.3/conf 目录中使用 vi 编辑器编辑配置文件 spark-defaults.conf，在该文件的末尾添加如下内容。

```
#开启日志记录功能
spark.eventLog.enabled                  true
#指定日志存储目录,该目录需要与配置文件 spark-env.sh 中指定的日志存储目录一致
spark.eventLog.dir                      hdfs://spark01:8020/spark/history
#关联 Spark 历史服务和 YARN,便于在 YARN Web UI 中查看 Spark 历史服务记录的日志信息
spark.yarn.historyServer.address=spark02:18080
#指定 Spark 历史服务的端口号
spark.history.ui.port=18080
```

在配置文件 spark-defaults.conf 中添加完上述内容后，保存并退出编辑。

7. 配置 Spark 系统环境变量

为了便于 Spark 的管理和使用，需要在虚拟机 Spark02 中配置 Spark 系统环境变量。在虚拟机 Spark02 中使用 vi 编辑器编辑系统环境变量文件 profile，在文件的末尾添加如下内容。

```
export SPARK_HOME=/export/servers/spark-3.4.3
export PATH=$PATH:$SPARK_HOME/bin
export PATH=$PATH:$SPARK_HOME/sbin
```

在系统环境变量文件 profile 中添加上述内容后，保存并退出编辑。

8. 初始化系统环境变量

初始化虚拟机的系统环境变量，使系统环境变量文件 profile 中添加的内容生效。在虚拟机 Spark02 执行如下命令。

```
source /etc/profile
```

9. 创建日志存储目录

在 HDFS 中创建 Spark 历史服务存储日志的目录/spark/history，在虚拟机 Spark02中执行如下命令。

```
hdfs dfs -mkdir -p /spark/history
```

10. 启动 Spark 历史服务

在虚拟机 Spark02 中启动 Spark 历史服务，具体命令如下。

```
start-history-server.sh
```

上述命令执行完成后，会在虚拟机 Spark02 中运行着一个名为 HistoryServer 的 Java 进程。读者可以通过在本地计算机的浏览器中输入 http://192.168.121.129:18080/访问 Spark 的历史服务。

11. 验证 Spark 是否部署成功

为了验证基于 Spark On YARN 模式部署 Spark 是否成功，可以将 Spark 程序提交到 YARN 集群运行。这里使用了 Spark 官方提供的一个用于计算圆周率(π)的 Spark 程序作为测试程序。在虚拟机 Spark02 执行如下命令。

```
spark-submit \
--master yarn \
--deploy-mode client \
${SPARK_HOME}/examples/src/main/python/pi.py \
10
```

上述命令使用 spark-submit 命令将 Spark 程序提交到 YARN 集群运行，该命令中各个参数的介绍如下。

- --master yarn：指定将 Spark 程序提交到 YARN 集群。
- --deploy-mode client：指定 Spark 程序的运行模式为 Client。
- 10：指定 Spark 程序的参数，表示计算圆周率的迭代次数为 10。

上述命令执行完成后，可以在本地计算机的浏览器中输入 http://192.168.121.128:

8088/cluster 访问 YARN Web UI,查看 Spark 程序的运行状态。Spark 程序运行成功的效果如图 2-71 所示。

图 2-71　YARN Web UI

从图 2-71 可以看出,YARN 集群中存在一个名为 Spark Pi 的应用程序,其状态(State)为 FINISHED,表示运行完成并且最终状态(FinalStatus)为 SUCCEEDED,表示运行成功。此时,在远程登录虚拟机 Spark02 的窗口中查看圆周率的计算结果,如图 2-72 所示。

```
1  Spark01      2  Spark02      3  Spark03      +  ⬚                        ⚙  —  ☐  ✕

● root@192.168.121.129:22                    ♡ ▾   ⟳ 重新连接   🗁 SFTP   ⚡ 端口 ⫸ 取消固定

24/05/27 17:21:43 INFO DAGScheduler: Job 0 is finished. Cancelling potential s
peculative or zombie tasks for this job
24/05/27 17:21:43 INFO YarnScheduler: Killing all running tasks in stage 0: St
age finished
24/05/27 17:21:43 INFO DAGScheduler: Job 0 finished: reduce at /export/servers
/spark-3.4.3/examples/src/main/python/pi.py:42, took 3.957492 s
Pi is roughly 3.141680
24/05/27 17:21:43 INFO SparkContext: SparkContext is stopping with exitCode 0.
24/05/27 17:21:43 INFO SparkUI: Stopped Spark web UI at http://spark02:4040
```

图 2-72　圆周率的计算结果

从图 2-72 可以看出,圆周率的计算结果为 3.141680。需要说明的是,由于 Spark 官方提供计算圆周率的 Spark 程序使用蒙特卡洛方法,所以每次运行 Spark 程序时圆周率的计算结果都会有一些微小的差异。

至此,便完成了部署 Spark 的操作。

小提示:Spark 历史服务会消耗虚拟机 Spark02 资源,建议读者在不需要查看历史 Spark 程序时,暂时关闭该服务。如需查看历史运行记录,再启动 Spark 历史服务即可。关闭 Spark 历史服务的命令如下。

```
stop-history-server.sh
```

2.9　部署 Doris 集群

Doris 是一款基于 MPP(Massively Parallel Processing,大规模并行处理)架构的高性能、实时的分析型数据库,它诞生于百度广告报表业务的 Palo 项目,并于 2017 年开源,随后捐赠给 Apache 软件基金会，成为 Apache 顶级项目。Doris 旨在提供一个简单、高效、稳定的 OLAP(Online Analytical Processing，联机分析处理)解决方案，广泛应用于大数据分析场景，如商业智能、实时数据仓库和数据湖等。

Doris 的整体架构主要包括 Frontend(FE)和 Backend(BE)，其中 Frontend 主要负责维护和管理元数据，接收和解析用户的查询请求，规划查询计划，并将查询计划分发给 Backend 执行。Backend 主要负责数据存储和查询计划的执行。

在 Doris 集群中，Frontend 和 Backend 都采用多节点部署，以提高容错性。一个 Doris 集群中可以存在多个 Frontend 和 Backend。当 Doris 集群中存在多个 Frontend 时，每个 Frontend 都会被赋予不同的角色，包括 Leader、Follower 和 Observer，每种角色都有特定的职责，具体介绍如下。

- Leader：Doris 集群中必须且仅可以存在一个角色为 Leader 的 Frontend，它负责集群的元数据管理、解析查询请求、分发查询计划等工作。
- Follower：Doris 集群中可以存在多个角色为 Follower 的 Frontend，它与 Leader 保持元数据同步。在 Leader 发生故障时，所有 Follower 将参与选举，选出一个新的 Leader。
- Observer：Doris 集群中可以存在多个角色为 Observer 的 Frontend，它与 Leader 保持元数据同步，并提供了只读的查询服务，可以用于提供额外的查询性能。

在实际生产环境中，为了提高容错性，通常建议部署至少 3 个 Frontend(1 个 Leader，2 个 Follower) 和 3 个 Backend。然而，在本项目中，考虑到资源限制，只部署 1 个 Frontend(Leader 角色)和 2 个 Backend。本项目关于 Doris 集群规划情况如表 2-3 所示。

表 2-3　Doris 集群规划情况

服　　务	Spark01	Spark02	Spark03
Frontend	√		
Backend		√	√

接下来，将演示如何使用虚拟机 Spark01、Spark02 和 Spark03 来部署 Doris 集群，具体操作步骤如下。

1. 部署 Frontend

在虚拟机 Spark01 中部署 Frontend 的操作步骤如下。

(1) 参考上传 JDK 安装包的方式，将 Frontend 安装包 apache-doris-2.0.9-fe-x64.tar.gz 上传到虚拟机 Spark01 的/export/software 目录中。

(2) 在虚拟机 Spark01 创建目录/export/servers/doris-2.0.9，该目录用于存放 Frontend 的安装目录，具体命令如下。

```
mkdir /export/servers/doris-2.0.9
```

(3) 采用解压缩方式将 Frontend 安装至虚拟机 Spark01 的/export/servers/doris-2.0.9 目录，具体命令如下。

```
tar -zxvf /export/software/apache-doris-2.0.9-fe-x64.tar.gz \
-C /export/servers/doris-2.0.9
```

（4）Frontend 安装完成后，会在虚拟机 Spark01 的/export/servers/doris-2.0.9 目录中生成一个名为 apache-doris-2.0.9-fe-x64 的文件夹，这里将其重命名为 fe。在虚拟机 Spark01 的/export/servers/doris-2.0.9 目录中执行如下命令。

```
mv apache-doris-2.0.9-fe-x64/ fe
```

（5）在虚拟机 Spark01 的/export/servers/doris-2.0.9/fe/conf 目录中，使用 vi 编辑器编辑配置文件 fe.conf，在该文件的末尾添加如下内容。

```
#指定 Frontend 存储元数据的目录
meta_dir = /export/data/doris-meta
#指定 Frontend 绑定的 IP 地址
priority_networks = 192.168.121.128/24
```

上述内容添加完成后，还需要修改参数 http_port 的默认值。这是因为 Frontend 的 HttpServer 服务默认占用 8030 端口，而 YARN 的 ResourceManager 中 Scheduler 组件的默认通信端口也为 8030。由于 ResourceManager 和 Frontend 都位于虚拟机 Spark01 中，为避免端口冲突，将参数 http_port 的默认值修改为 8035，指定 Frontend 的 HttpServer 服务占用 8035 端口。

配置文件 fe.conf 修改完成后，保存并退出编辑。

（6）在虚拟机 Spark01 中创建存储元数据的目录，具体命令如下。

```
mkdir /export/data/doris-meta
```

（7）在虚拟机 Spark01 的/export/servers/doris-2.0.9/fe 目录中启动 Frontend，具体命令如下。

```
bin/start_fe.sh --daemon
```

上述命令中，参数--daemon 用于后台启动 Frontend。

（8）在虚拟机 Spark01 中执行 jps 命令查看运行的 Java 进程，如图 2-73 所示。

从图 2-73 可以看出，虚拟机 Spark01 中运行着名为 DorisFE 的 Java 进程，说明成功启动 Frontend。

小提示：若读者希望关闭 Frontend，则可以在虚拟机 Spark01 的/export/servers/doris-2.0.9/fe 目录中执行如下命令。

```
bin/stop_fe.sh
```

```
[root@spark01 fe]# jps
79394 Jps
36679 RunJar
71209 Kafka
79213 DorisFE
5693 NameNode
69726 ResourceManager
71038 QuorumPeerMain
[root@spark01 fe]#
```

图 2-73　查看虚拟机 Spark01
运行的 Java 进程

2. 部署 Backend

在虚拟机 Spark02 和 Spark03 中部署 Backend 的操作步骤如下。

(1) 参考上传 JDK 安装包的方式,将 Backend 安装包 apache-doris-2.0.9-be-x64.tar.gz 上传到虚拟机 Spark02 的/export/software 目录中。

(2) 在虚拟机 Spark02 创建目录/export/servers/doris-2.0.9,该目录用于存放 Backend 的安装目录,具体命令如下。

```
mkdir /export/servers/doris-2.0.9
```

(3) 采用解压缩方式将 Backend 安装至虚拟机 Spark02 的/export/servers/doris-2.0.9 目录。这里暂时先在虚拟机 Spark02 中完成 Backend 的安装,关于在虚拟机 Spark03 中安装 Backend 的操作,后续将通过分发的方式实现。在虚拟机 Spark02 执行如下命令。

```
tar -zxvf /export/software/apache-doris-2.0.9-be-x64.tar.gz \
-C /export/servers/doris-2.0.9
```

(4) Backend 安装完成后,会在虚拟机 Spark02 的/export/servers/doris-2.0.9 目录中生成一个名为 apache-doris-2.0.9-be-x64 的文件夹,这里将其重命名为 be。在虚拟机 Spark02 的/export/servers/doris-2.0.9 目录中执行如下命令。

```
mv apache-doris-2.0.9-be-x64/ be
```

(5) 在虚拟机 Spark02 的/export/servers/doris-2.0.9/be/conf 目录中,使用 vi 编辑器编辑配置文件 be.conf,在该文件的末尾添加如下内容。

```
#配置 JDK 安装目录
JAVA_HOME = /export/servers/jdk1.8.0_401/
#配置 Backend 存储数据的目录
storage_root_path = /export/data/doris-data
#指定 Backend 绑定的 IP 地址
priority_networks = 192.168.121.129/24
```

上述内容添加完成后,还需要修改参数 webserver_port 的默认值。这是因为 Backend 的 HttpServer 服务默认占用 8040 端口,而 YARN 的 NodeManager 中 Localizer 组件的默认通信端口也为 8040。由于 NodeManager 和 Backend 都位于虚拟机 Spark02 和 Spark03 中,为避免端口冲突,将参数 webserver_port 的默认值修改为 8046,指定 Backend 的 HttpServer 服务占用 8046 端口。

配置文件 be.conf 修改完成后,保存并退出编辑。

(6) 将虚拟机 Spark02 中 Backend 的安装目录分发至虚拟机 Spark03 的/export/servers 目录中,在虚拟机 Spark02 执行如下命令。

```
scp -r /export/servers/doris-2.0.9/ spark03:/export/servers/
```

由于虚拟机 Spark02 和 Spark03 之间没有实现免密登录的功能，所以上述命令执行完成后，需要根据提示信息输入 yes 同意连接，以及输入虚拟机 Spark03 中 root 用户的密码进行验证。

（7）在虚拟机 Spark03 的 /export/servers/doris-2.0.9/be/conf 目录中，使用 vi 编辑器编辑配置文件 be.conf，将参数 priority_networks 的值修改为 192.168.121.130/24，指定虚拟机 Spark03 中 Backend 绑定的 IP 地址。配置文件 be.conf 修改完成后，保存并退出编辑。

（8）在虚拟机 Spark02 和 Spark03 中创建 Backend 存储数据的目录。分别在这两台虚拟机中执行如下命令。

```
mkdir /export/data/doris-data
```

（9）在虚拟机 Spark02 和 Spark03 中启动 Backend 之前，需要对这两台虚拟机的操作系统进行必要的配置，以确保 Backend 能够正常启动，具体内容如下。

① 将操作系统允许的最大内存映射区域数量调整为 2000000，分别在虚拟机 Spark02 和 Spark03 执行如下命令。

```
sysctl -w vm.max_map_count=2000000
```

需要说明的是，上述命令是临时生效的，当虚拟机重新启动后，需要重新执行上述命令。

② 将操作系统允许程序打开最大文件数的限制调整为 60000。分别在虚拟机 Spark02 和 Spark03 中进入 /etc/security/ 目录，在该目录中使用 vi 编辑器编辑配置文件 limits.conf，在文件的末尾添加如下内容。

```
* soft nofile 60000
* hard nofile 60000
```

配置文件 limits.conf 修改完成后，保存并退出编辑。需要说明的是，读者需要在 Tabby 中断开与虚拟机 Spark02 和 Spark03 的远程连接后重新连接，才可以使配置文件 limits.conf 中修改的内容生效。

③ 关闭操作系统的 swap 分区，以减少磁盘 I/O 操作。分别在虚拟机 Spark02 和 Spark03 执行如下命令。

```
swapoff -a
```

需要说明的是，上述命令是临时生效的，当虚拟机重新启动后，需要重新执行上述命令。

（10）在虚拟机 Spark02 和 Spark03 中启动 Backend，分别在这两台虚拟机的 /export/servers/doris-2.0.9/be 目录中执行如下命令。

```
bin/start_be.sh --daemon
```

上述命令中,参数--daemon 用于后台启动 Backend。

分别在虚拟机 Spark02 和 Spark03 中执行 jps 命令查看运行的 Java 进程,如图 2-74 所示。

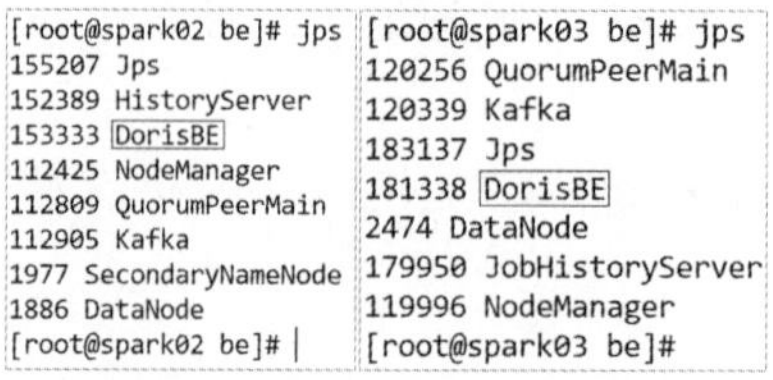

```
[root@spark02 be]# jps        [root@spark03 be]# jps
155207 Jps                    120256 QuorumPeerMain
152389 HistoryServer          120339 Kafka
153333 DorisBE                183137 Jps
112425 NodeManager            181338 DorisBE
112809 QuorumPeerMain         2474 DataNode
112905 Kafka                  179950 JobHistoryServer
1977 SecondaryNameNode        119996 NodeManager
1886 DataNode
[root@spark02 be]# |          [root@spark03 be]#
```

图 2-74　查看虚拟机 Spark02 和 Spark03 中运行的 Java 进程

从图 2-74 可以看出,虚拟机 Spark02 和 Spark03 中运行着名为 DorisBE 的 Java 进程,说明成功启动 Backend。

小提示:若读者希望关闭 Backend,则可以分别在虚拟机 Spark02 和 Spark03 的 /export/servers/doris-2.0.9/be 目录中执行如下命令。

```
bin/stop_be.sh
```

3. 在 Frontend 中添加 Backend

默认情况下,Frontend 无法自动识别 Backend,需要手动在 Frontend 中添加 Backend 信息以建立连接。由于 Frontend 支持 MySQL 连接协议,所以可以直接使用 MySQL 客户端进行连接。在本章部署 Hive 时,在虚拟机 Spark01 中安装了 MySQL 客户端。接下来演示如何在虚拟机 Spark01 中使用 MySQL 客户端连接 Frontend,并添加 Backend,具体操作步骤如下。

（1）使用 Doris 提供的默认用户 root 连接 Frontend。在虚拟机 Spark01 中执行如下命令。

```
mysql -u root -h 192.168.121.128 -P 9030 -p
```

上述命令执行完成后,会提示输入用户 root 的密码。由于 Doris 提供的默认用户 root 的密码为空,所以直接按 Enter 键即可,如图 2-75 所示。

在图 2-75 中,出现"mysql>"提示符说明成功连接 Frontend,并进入 Doris 命令行界面,在该界面可以执行 SQL 语句来操作 Doris。

（2）在添加 Backend 之前,为确保安全性,需要为默认用户 root 设置密码。这里将默认用户 root 的密码设置为 123456。在 Doris 命令行界面执行如下命令。

```
mysql> SET PASSWORD FOR 'root' = PASSWORD('123456');
```

上述命令执行完成后,可以退出当前连接。当再次执行连接 Frontend 的命令时,便需要根据提示输入用户 root 密码。

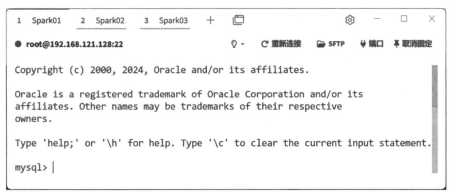

图 2-75 连接 Frontend

（3）在 Frontend 中添加虚拟机 Spark02 中启动的 Backend。在 Doris 命令行界面执行如下命令。

```
mysql> ALTER SYSTEM ADD BACKEND "192.168.121.129:9050";
```

（4）在 Frontend 中添加虚拟机 Spark03 中启动的 Backend。在 Doris 命令行界面执行如下命令。

```
mysql> ALTER SYSTEM ADD BACKEND "192.168.121.130:9050";
```

（5）查看 Backend 的状态信息。在 Doris 命令行界面执行如下命令。

```
mysql> show backends \G
```

上述命令运行完成后效果如图 2-76 所示。

在图 2-76 中显示了 Backend 的状态信息，说明 Frontend 和 Backend 成功建立连接。在 Backend 的状态信息中，字段 Host 记录了 Backend 的 IP 地址，字段 Alive 记录了相应 Backend 的活动状态，该字段值为 true 表示正常。

至此，便完成了部署 Doris 集群的操作。

脚下留心：调整 Backend 占用 JVM（Java 虚拟机）的最大堆内存

鉴于本项目集群环境受限于虚拟机资源，为避免后续在运行 Spark 程序进行数据分析时，同时查询 Doris 数据导致内存不足的问题，建议在虚拟机 Spark02 和 Spark03 上，通过修改配置文件 be.conf 中的 JAVA_OPTS 参数，将 Backend 占用的 JVM 最大堆内存调整为 512MB，如图 2-77 所示。

配置文件 be.conf 修改完成后，需要在虚拟机 Spark02 和 Spark03 中重新启动 Backend。

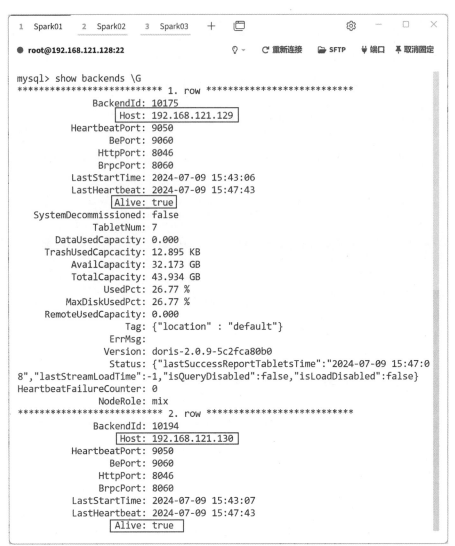

图 2-76   查看 Backend 的状态信息

```
JAVA_OPTS="-Xmx512m -DlogPath=$DORIS_HOME/log/jni.log -Xloggc:$DORIS_H
OME/log/be.gc.log.$CUR_DATE -Djavax.security.auth.useSubjectCredsOnly=
false -Dsun.java.command=DorisBE -XX:-CriticalJNINatives"
```

图 2-77   调整 Backend 占用 JVM 的最大堆内存

2.10   本章小结

    本章主要讲解了搭建集群环境的相关内容。首先，介绍了基础环境搭建，包括创建虚拟机、安装 Linux 操作系统、克隆虚拟机、配置虚拟机。然后，介绍了 JDK 的安装。最后，分别介绍了 Hadoop 集群、Hive、Flume、ZooKeeper 集群、Kafka 集群、Spark 和 Doris 集群的部署。通过本章的学习，读者应可以掌握项目中集群环境的搭建，为后续基于集群环境来实施项目奠定基础。

第 3 章

数据采集

学习目标

- 了解用户行为数据,能够说出电商网站中用户行为数据的含义。
- 了解模拟生成用户行为数据,能够实现模拟生成用户行为数据的 Python 程序。
- 掌握配置采集方案,能够根据需求灵活配置 Flume 的采集方案。
- 熟悉采集用户行为数据,能够根据采集方案启动 Flume 采集数据。

数据采集是指通过各种技术手段从不同数据源获取数据的过程。其目标是获得完整、准确、及时的数据,以支持后续的数据分析和决策。本项目的核心需求是分析电商网站中的用户行为数据,这些数据通过网站的埋点获取,并以日志的形式存储在服务器上。本章详细介绍如何通过数据采集来获取用户行为数据。

3.1 用户行为数据概述

用户行为数据是指用户在电商网站上的各种交互记录,包括用户的行为信息及环境信息。收集这些数据的主要目的是优化产品,并为各项分析统计指标提供数据支持。本项目采集的用户行为数据主要包括页面信息、设备信息和行为信息。下面以一条用户行为数据为例进行说明,具体内容如下。

```
{
    "page_info": {
        "page_id": 287,
        "page_url": "https://www.example.com/page_287",
        "product_id": 287,
        "category": "Grocery"
    },
    "behavior_info": {
        "user_id": 6421,
        "behavior_type": "purchase",
        "action_time": "2023-02-15 05:32:31",
        "location": "湖北, 宜昌"
    },
```

```
    "device_info": {
        "operating_system": "Android",
        "access_method": "browser",
        "browser_type": "Opera",
        "app_version": null
    }
}
```

从上述内容可以看出，本项目所采集的用户行为数据以对象结构的 JSON 格式存储。其中，键 page_info 的值以对象结构存储页面信息，键 behavior_info 的值以对象结构存储行为信息，键 device_info 的值以对象结构存储设备信息。有关这些信息的详细说明如表 3-1 所示。

表 3-1 用户行为数据的详细说明

类　别	键	描　述
页面信息	page_id	表示用户所访问页面的唯一标识
	page_url	表示用户所访问页面的 URL 地址
	product_id	表示商品的唯一标识
	category	表示商品所属的品类
行为信息	user_id	表示用户的唯一标识
	behavior_type	表示用户的行为类型，其值包括 click(点击)、cart(加入购物车)和 purchase(购买)
	action_time	表示用户触发行为的时间
	location	表示用户触发行为的地理位置
设备信息	operating_system	表示用户使用的操作系统
	access_method	表示用户的访问方式，其值包括 app 和 browser(浏览器)
	browser_type	表示浏览器类型，当用户的访问方式为 app 时，浏览器类型的值为 null
	app_version	表示 App 的版本号，当用户的访问方式为 browser 时，App 的版本号为 null

3.2 模拟生成用户行为数据

本项目通过编写 Python 程序模拟生成用户行为数据。由于离线分析和实时分析所用的用户行为数据分别来自历史数据和实时数据，它们在用户触发行为的时间上会有差异，所以需要编写两个 Python 程序，以便生成两种不同类型的用户行为数据。本节讲解如何通过编写 Python 程序模拟生成用户行为数据。

3.2.1 生成历史用户行为数据

在本项目中,需要生成一年的历史用户行为数据,时间范围是 2023 年 1 月 1 日至 2023 年 12 月 31 日。接下来演示如何使用集成开发工具 PyCharm 编写 Python 程序,实现生成历史用户行为数据的功能,具体操作步骤如下。

1. 创建项目

在 PyCharm 中基于自定义环境创建名为 spark_project 的项目,并指定项目使用本地安装的 Python 3.9.13 版本的 Python 解释器,如图 3-1 所示。

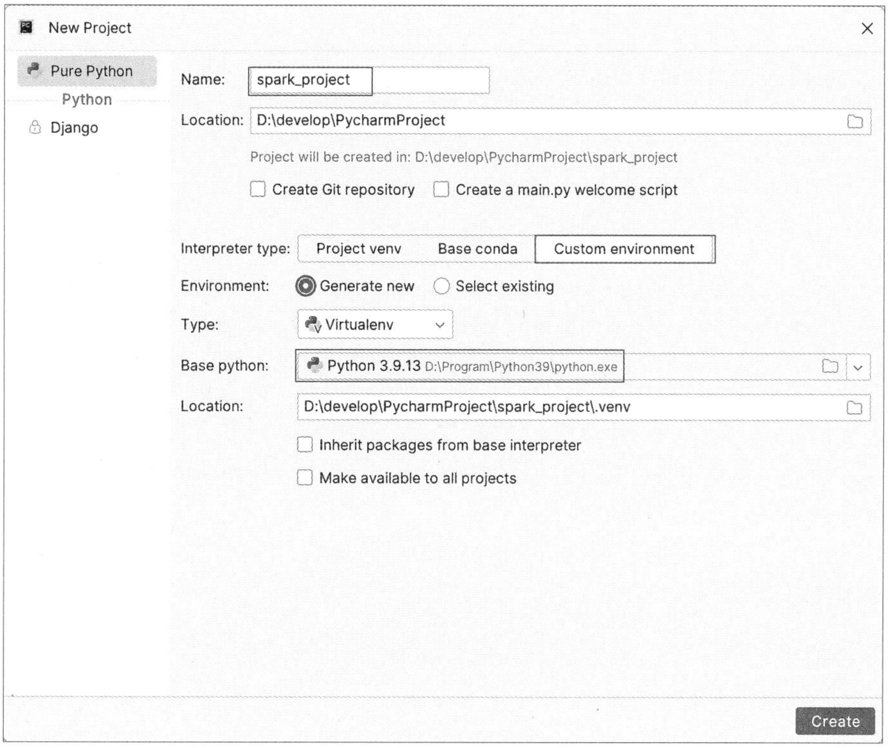

图 3-1 创建项目

在图 3-1 中,单击 Create 按钮创建项目 spark_project。

2. 创建目录

在项目 spark_project 中创建名为 data 的目录,用于存放生成用户行为数据的 Python 文件,如图 3-2 所示。

3. 创建 Python 文件

在项目 spark_project 的 data 目录中创建名为 generate_user_data_history 的 Python 文件,用于实现生成历史用户行为数据的 Python 程序。

4. 实现 Python 程序

在 generate_user_data_history.py 文件中,添加用

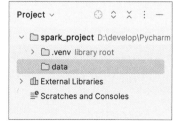

图 3-2 创建目录

于生成历史用户行为数据的相关模块和代码,具体操作步骤如下。

(1) 在 generate_user_data_history.py 文件中导入 json、random、datetime 和 time 模块,具体代码如文件 3-1 所示。

文件 3-1　generate_user_data_history.py

```
1  #用于处理 JSON 格式的数据
2  import json
3  #用于生成随机数
4  import random
5  #用于处理日期和时间
6  import datetime
7  #用于提供与时间相关的函数
8  import time
```

(2) 在文件 3-1 中添加名为 random_date 的函数,用于生成一个在指定时间范围内随机的时间作为用户触发行为的时间,具体代码如下。

```
1  def random_date(start, end):
2      return start + datetime.timedelta(
3          seconds=random.randint(0, int((end - start).total_seconds())),
4      )
```

上述代码中,函数 random_date()接收两个参数 start 和 end,分别用于指定时间范围的起始和结束时间。

(3) 在文件 3-1 中添加名为 random_location 的函数,用于生成用户触发行为的地理位置,具体代码如下。

```
1  def random_location():
2      locations = {
3          "北京": ["北京"],
4          "上海": ["上海"],
5          "广东": ["广州", "深圳", "东莞", "珠海"],
6          "浙江": ["杭州", "宁波", "温州", "嘉兴", "湖州"],
7          "江苏": ["南京", "苏州", "无锡", "常州", "扬州"],
8          "四川": ["成都", "绵阳", "德阳", "南充", "宜宾"],
9          "湖北": ["武汉", "黄石", "宜昌", "襄阳", "荆州"],
10         "山东": ["济南", "青岛", "烟台", "潍坊", "淄博"],
11         "河南": ["郑州", "洛阳", "开封", "新乡", "安阳"],
12         "河北": ["石家庄", "唐山", "邯郸", "张家口"],
13         "湖南": ["长沙", "株洲", "湘潭", "衡阳", "岳阳"]
14     }
15     province = random.choice(list(locations.keys()))
16     city = random.choice(locations[province])
```

```
17        return f"{province}, {city}"
```

上述代码中,第 2~14 行代码定义了一个字典 locations,其中包含省份及其对应城市的信息。每个省份作为键,对应一个包含该省份城市的列表。第 15 行代码用于随机选择一个省份。第 16 行代码则基于已选择的省份,随机选择该省份的一个城市。

（4）在文件 3-1 中添加名为 generate_page_info 的函数,用于生成页面信息,具体代码如下。

```
1    def generate_page_info():
2        product_categories = {
3            range(1, 31): "Electronics",
4            range(31, 61): "Clothing",
5            range(61, 91): "Books",
6            range(91, 121): "Home",
7            range(121, 151): "Toys",
8            range(151, 181): "Sports",
9            range(181, 211): "Beauty",
10           range(211, 241): "Health",
11           range(241, 271): "Automotive",
12           range(271, 301): "Grocery"
13       }
14       product_id = random.randint(1, 300)
15       category = next(
16           (
17               cat for range_,
18               cat in product_categories.items() if product_id in range_
19           )
20       )
21       page_info = {
22           "page_id": product_id,
23           "page_url": f"https://www.example.com/page_{product_id}",
24           "product_id": product_id,
25           "category": category
26       }
27       return page_info
```

上述代码中,第 2~13 行代码使用字典 product_categories 来定义不同范围商品对应的品类。第 14 行代码生成了一个在指定范围内的随机整数,作为商品的唯一标识,同时也作为页面的唯一标识,以确保每个页面只对应一个商品。第 15~20 行代码用于根据生成的商品的唯一标识确定其所属的品类。第 21~26 行代码定义了一个包含页面信息的字典 page_info,该字典的第一个键值对表示用户所访问页面的唯一标识,第二个键值对表示用户所访问页面的 URL 地址,第三个键值对表示商品的唯一标识,第四个键值对表示商品所属品类。

（5）在文件 3-1 中添加名为 generate_device_info 的函数，用于生成设备信息，具体代码如下。

```
1   def generate_device_info():
2       access_method = random.choice(["browser", "app"])
3       device_info = {
4           "operating_system": random.choice(
5               ["Windows", "macOS", "Android", "iOS"]
6           ),
7           "access_method": access_method
8       }
9       if access_method == "browser":
10          device_info["browser_type"] = random.choice(
11              ["Chrome", "Firefox", "Safari", "Edge", "Opera"]
12          )
13          device_info["app_version"] = None
14      elif access_method == "app":
15          device_info["browser_type"] = None
16          device_info["app_version"] = (f"{random.randint(8, 10)}."
17                                        f"{random.randint(0, 9)}."
18                                        f"{random.randint(0, 9)}")
19      return device_info
```

上述代码中，第 2 行代码用于随机选择一个用户的访问方式。第 3～8 行代码定义了一个包含设备信息的字典 device_info，该字典的第一个键值对表示用户使用的操作系统，第二个键值对表示用户的访问方式。

第 9～18 行代码用于通过判断用户的访问方式，向字典 device_info 中添加两个键值对，它们的键分别为 browser_type 和 app_version，表示浏览器类型和 App 版本号。当用户的访问方式为 browser 时，键 app_version 的值为 None，表示没有 App 版本号的信息。当用户的访问方式为 app 时，键 browser_type 的值为 None，表示没有浏览器类型的信息。

（6）在文件 3-1 中添加名为 generate_behavior_info 的函数，用于生成行为信息，具体代码如下。

```
1   def generate_behavior_info():
2       start_date = datetime.datetime(2023, 1, 1)
3       end_date = datetime.datetime(2023, 12, 31,23,59,59)
4       behavior_info = {
5           "user_id": random.randint(1, 10000),
6           "behavior_type": random.choice(["click", "cart", "purchase"]),
7           "action_time": str(random_date(start_date, end_date)),
```

```
8              "location": random_location()
9          }
10      return behavior_info
```

上述代码中,第 2 行代码用于指定时间范围的起始时间为 2023-01-01 00:00:00。第 3 行代码用于指定时间范围的结束时间为 2023-12-31 23:59:59。第 4~9 行代码定义了一个包含行为信息的字典 behavior_info,该字典的第一个键值对表示用户的唯一标识,第二个键值对表示用户的行为类型,第三个键值对表示用户触发行为的时间,第四个键值对表示用户触发行为的地理位置。

（7）在文件 3-1 中添加名为 generate_user_behavior 的函数,用于整合页面信息、行为信息和设备信息,从而生成完整的用户行为数据,具体代码如下。

```
1   def generate_user_behavior():
2       page_info = generate_page_info()
3       behavior_info = generate_behavior_info()
4       device_info = generate_device_info()
5       user_behavior = {
6           "page_info": page_info,
7           "behavior_info": behavior_info,
8           "device_info": device_info
9       }
10      return user_behavior
```

上述代码中,第 2~4 行代码分别用于获取页面信息、行为信息和设备信息。第 5~9 行代码定义了一个包含用户行为数据的字典 user_behavior,该字典的第一个键值对表示页面信息,第二个键值对表示行为信息,第三个键值对表示设备信息。

（8）在文件 3-1 中添加名为 output_user_behaviors 的函数,用于将生成的用户行为数据写入日志文件,具体代码如下。

```
1   def output_user_behaviors(interval, output_file):
2       try:
3           with open(output_file, 'a', encoding='utf-8') as f:
4               while True:
5                   #生成用户行为数据
6                   user_behavior = generate_user_behavior()
7                   #将用户行为数据转换为 JSON 格式
8               user_behavior_json = json.dumps(user_behavior,ensure_ascii=False)
9                   f.write(user_behavior_json + "\n")
10                  f.flush()
11                  time.sleep(interval)
12      except KeyboardInterrupt:
13          print("Data generation stopped.")
```

上述代码中，函数 output_user_behaviors() 接收两个参数 interval 和 output_file，分别用于指定生成每条用户行为数据的时间间隔（秒），以及日志文件所在目录和名称。

（9）在文件 3-1 中调用函数 output_user_behaviors()，指定生成每条用户行为数据的时间间隔为 0.5 秒，日志文件所在目录为/export/data/log/2023，日志文件名称为 user_behaviors.log，具体代码如下。

```
output_user_behaviors(0.5,"/export/data/log/2023/user_behaviors.log")
```

需要说明的是，由于本项目将使用虚拟机 Spark03 运行 Python 程序，因此上述代码指定的目录为 Linux 操作系统的格式。

5. 创建目录

在虚拟机 Spark03 中创建用于存储日志文件 user_behaviors.log 的目录/export/data/log/2023，具体命令如下。

```
mkdir -p /export/data/log/2023
```

3.2.2　生成实时用户行为数据

在本项目中，生成实时和历史用户行为数据的 Python 程序基本一致，不同之处在于，实时用户行为数据使用系统当前时间来生成用户触发行为的时间。因此，可以参考 generate_user_data_history.py 文件中的代码，来编写生成实时用户行为数据的 Python 程序，操作步骤如下。

1. 创建 Python 文件

在项目 spark_project 的 data 目录中创建名为 generate_user_data_real 的 Python 文件，用于实现生成实时用户行为数据的 Python 程序。

2. 实现 Python 程序

在 generate_user_data_real.py 文件中，添加用于生成实时用户行为数据的相关模块和代码，具体操作步骤如下。

（1）将 generate_user_data_history.py 文件中的内容复制到 generate_user_data_real.py 文件中。

（2）在 generate_user_data_real.py 文件中，将导入 datetime 模块的代码替换为如下代码。

```
from datetime import datetime
```

（3）在 generate_user_data_real.py 文件中导入 os 模块用于与操作系统交互，具体代码如下。

```
import os
```

（4）在 generate_user_data_real.py 文件中，删除名为 random_date 的函数。

（5）在 generate_user_data_real.py 文件中，修改名为 generate_behavior_info 的函数，该函数修改完成的内容如下。

```
1  def generate_behavior_info():
2      current_time = datetime.now().strftime('%Y-%m-%d %H:%M:%S')
3      behavior_info = {
4          "user_id": random.randint(1, 10000),
5          "behavior_type": random.choice(["click", "cart", "purchase"]),
6          "action_time": current_time,
7          "location": random_location()
8      }
9      return behavior_info
```

上述代码中，第 2 行代码用于获取当前系统时间，并将其转换为 YYYY-mm-dd HH:mm:ss（年-月-日 时:分:秒）格式的字符串。

（6）在 generate_user_data_real.py 文件中，将调用函数 output_user_behaviors() 的代码修改为如下内容。

```
1  #根据当前系统时间获取年份
2  current_year = datetime.now().year
3  #指定日志文件所在目录
4  directory_template = "/export/data/log/{year}"
5  #定义日志文件的名称
6  file_name = "user_behaviors.log"
7  #将指定目录中的占位符替换为获取的年份
8  directory = directory_template.format(year=current_year)
9  #判断目录是否存在，若不存在，则创建该目录
10 os.makedirs(directory, exist_ok=True)
11 #将目录和日志文件的名称合并成一个完整的文件路径
12 output_file = os.path.join(directory, file_name)
13 output_user_behaviors(0.5,output_file)
```

上述代码通过调用函数 output_user_behaviors() 将用户行为数据写入指定目录的日志文件 user_behaviors.log。其中，/export/data/log 目录的子目录会根据当前系统时间中的年份自动生成。

3.3　配置采集方案

本项目需要在虚拟机 Spark03 上启动两个 Flume Agent，分别负责采集历史和实时用户行为数据。因此，需要为这两个 Flume Agent 配置不同的采集方案，以适应不同的数据采集需求，具体实现过程如下。

1. 配置采集历史用户行为数据的方案

采集历史用户行为数据的 Flume Agent 在启动时，会对数据进行 JSON 格式校验，

以确保后续数据分析和存储过程中使用的数据符合 JSON 格式要求。校验通过后，Flume Agent 将根据用户行为触发时间的日期，将历史用户行为数据发送到 HDFS 的不同目录中。

采集历史用户行为数据的 Flume Agent 主要包括 Source、Channel 和 Sink 三个组件。其中，Source 组件的类型为 Taildir Source，负责监控和读取日志文件 user_behaviors.log 中的历史用户行为数据。Channel 组件的类型为 File Channel，负责将 Flume 中的事件持久化到磁盘上。Sink 组件的类型为 HDFS Sink，负责将历史用户行为数据输出到 HDFS 的指定目录。

接下来演示如何在虚拟机 Spark03 中配置采集历史用户行为数据的方案，操作步骤如下。

（1）在虚拟机 Spark03 中创建/export/data/flume_conf 目录，用于存放采集方案的配置文件，具体命令如下。

```
mkdir /export/data/flume_conf
```

（2）在虚拟机 Spark03 的/export/data/flume_conf 目录中，使用 vi 编辑器编辑配置文件 flume-logs-history.conf，在该文件中添加采集方案，具体内容如文件 3-2 所示。

文件 3-2   flume-logs-history.conf

```
1   #定义 Source 组件的标识 r1
2   a1.sources = r1
3   #定义 Channel 组件的标识 c1
4   a1.channels = c1
5   #定义 Sink 组件的标识 k1
6   a1.sinks = k1
7   #定义 Source 组件的类型为 Taildir Source
8   a1.sources.r1.type = TAILDIR
9   #定义用于记录被监控文件当前读取位置的文件 taildir_position_history.json
10  a1.sources.r1.positionFile = /export/data/flume/taildir_position_
    history.json
11  #定义文件组的标识为 f1
12  a1.sources.r1.filegroups = f1
13  #定义文件组 f1 中被监控文件的位置，即日志文件 user_behaviors.log 所在目录
14  a1.sources.r1.filegroups.f1 = /export/data/log/2023/user_behaviors.log
15  #定义 Source 组件中拦截器的标识 i1
16  a1.sources.r1.interceptors = i1
17  #在标识为 i1 的拦截器中添加一个自定义拦截器，用于校验数据是否为 JSON 格式并将用
    #户触发行为的时间转换为时间戳格式之后添加到事件的 header 中
18  a1.sources.r1.interceptors.i1.type = cn.itcast.flume
    .JsonAndTimestampInterceptor$Builder
19  #定义 Channel 组件的类型为 File Channel
20  a1.channels.c1.type = file
```

```
21  #定义 File Channel 存储元数据的目录
22  a1.channels.c1.checkpointDir = /export/data/flume/checkpoint
23  #定义 File Channel 存储事件的目录
24  a1.channels.c1.dataDirs = /export/data/flume/data
25  #定义 Sink 组件的类型为 HDFS Sink
26  a1.sinks.k1.type = hdfs
27  #定义 HDFS Sink 将数据输出到指定目录的文件中,其中%Y-%m-%d表示根据日期创建目
    #录,如 2023-11-02
28  a1.sinks.k1.hdfs.path = /origin_data/log/user_behaviors/%Y-%m-%d
29  #定义文件的前缀为 log
30  a1.sinks.k1.hdfs.filePrefix = log
31  #定义滚动新文件的时间间隔为 10 秒
32  a1.sinks.k1.hdfs.rollInterval = 10
33  #定义滚动新文件的大小为 0,表示不根据文件大小滚动新文件
34  a1.sinks.k1.hdfs.rollSize = 0
35  #定义滚动新文件的事件数为 0,表示不根据事件数滚动新文件
36  a1.sinks.k1.hdfs.rollCount = 0
37  #定义文件的类型为压缩文件,以减少存储空间和提高传输效率
38  a1.sinks.k1.hdfs.fileType = CompressedStream
39  #定义压缩文件的压缩编解码器为 GZIP
40  a1.sinks.k1.hdfs.codeC = gzip
41  #将 Source 组件与 Channel 组件关联
42  a1.sources.r1.channels = c1
43  #将 Sink 组件与 Channel 组件关联
44  a1.sinks.k1.channel = c1
```

在文件 3-2 中,指定 Flume Agent 的标识为 a1,其中第 28 行代码依据的日期来源于每条用户行为数据中用户触发行为的时间。第 18 行代码添加的自定义拦截器需要通过编写 Java 程序来实现,其具体实现过程本书不作重点讲解。在本书的配套资源中提供了自定义拦截器的 jar 文件 FlumeInterceptor.jar,供读者直接使用。第 40 行代码使用压缩编解码器 GZIP 是因为其具有较高的压缩率,可以最大程度减少存储空间。

在文件 3-2 中添加采集方案后,保存并退出编辑。

2．配置采集实时用户行为数据的方案

采集实时用户行为数据的 Flume Agent 在启动时,会对数据进行 JSON 格式校验,以确保后续数据分析和存储过程中使用的数据符合 JSON 格式要求。校验通过后,Flume Agent 将实时用户行为数据发送到 Kafka。

采集实时用户行为数据的 Flume Agent 主要包括 Source 和 Channel 两个组件。其中,Source 组件的类型为 Taildir Source,负责监控和读取日志文件 user_behaviors.log 中的用户行为数据。Channel 组件的类型为 Kafka Channel,用于将用户行为数据传输到Kafka。

在虚拟机 Spark03 的/export/data/flume_conf 目录中,使用 vi 编辑器编辑配置文件

flume-logs-real.conf,在该文件中添加采集实时用户行为数据的方案,具体内容如文件 3-3 所示。

文件 3-3   flume-logs-real.conf

```
1   #定义 Source 组件的标识 r1
2   a2.sources = r1
3   #定义 Channel 组件的标识 c1
4   a2.channels = c1
5   #定义 Source 组件的类型为 Taildir Source
6   a2.sources.r1.type = TAILDIR
7   #定义用于记录被监控文件当前读取位置的文件 taildir_position_real.json
8   a2.sources.r1.positionFile = /export/data/flume/taildir_position_real
    .json
9   #定义文件组的标识为 f1
10  a2.sources.r1.filegroups = f1
11  #定义文件组 f1 中被监控文件的位置,即日志文件 user_behaviors.log 所在目录
12  a2.sources.r1.filegroups.f1 = /export/data/log/2024/user_behaviors.log
13  #定义 Source 组件中拦截器的标识 i1
14  a2.sources.r1.interceptors = i1
15  #在标识为 i1 的拦截器中添加一个自定义拦截器,用于校验数据是否为 JSON 格式
16  a2.sources.r1.interceptors.i1.type = cn.itcast.flume
    .JsonValidationInterceptor$Builder
17  #定义 Channel 组件的类型为 Kafka Channel
18  a2.channels.c1.type = org.apache.flume.channel.kafka.KafkaChannel
19  #定义 Kafka 集群的地址
20  a2.channels.c1.kafka.bootstrap.servers = spark01:9092,spark02:9092,spark03:
    9092
21  #定义 Kakfa 的主题 user_behavior_topic
22  a2.channels.c1.kafka.topic = user_behavior_topic
23  #关闭 Flume 对数据的事件解析功能
24  a2.channels.c1.parseAsFlumeEvent = false
25  #将 Channel 组件与 Source 组件关联
26  a2.sources.r1.channels = c1
```

在文件 3-3 中指定 Flume Agent 的标识为 a2。第 16 行代码添加的自定义拦截器需要通过编写 Java 程序来实现,其具体实现过程本书不作重点讲解。在本书的配套资源中提供了自定义拦截器的 jar 文件 FlumeInterceptor.jar,供读者直接使用。

在文件 3-3 中添加采集方案后,保存并退出编辑。需要注意的是,文件 3-3 中日志文件 user_behaviors.log 所在目录需要根据 generate_user_data_real.py 文件运行时实际生成的目录进行修改。

3. 添加自定义拦截器

参考第 2 章上传 JDK 安装包的方式,将 jar 文件 FlumeInterceptor.jar.jar 上传到虚拟机 Spark03 的/export/servers/flume-1.10.1/lib 目录中,从而在 Flume 中添加自定义

拦截器。

3.4　采集用户行为数据

本节讲解如何使用 3.3 节配置的采集方案，分别启动负责采集历史和实时用户行为数据 Flume Agent，以完成本项目中采集用户行为数据的功能，具体内容如下。

1. 启动采集历史用户行为数据的 Flume Agent

在虚拟机 Spark03 中启动 Flume Agent 的操作步骤如下。

（1）启动 HDFS 集群。确保虚拟机 Spark01、Spark02 和 Spark03 中 HDFS 集群的相关进程正常启动。需要说明的是，为了优化资源利用，在采集历史用户行为数据时，可以选择仅启动集群环境中的 HDFS 集群。

（2）参考第 2 章上传 JDK 安装包的方式，将 Python 文件 generate_user_data_history.py 上传到虚拟机 Spark03 的 /export/servers 目录中。

（3）在虚拟机 Spark03 中启动 Flume Agent，从 /export/data/log/2023 目录中的日志文件 user_behaviors.log 里采集历史用户行为数据，具体命令如下。

```
flume-ng agent --name a1 --conf conf/ --conf-file \
/export/data/flume_conf/flume-logs-history.conf \
-Dflume.root.logger=INFO,console
```

上述命令中，参数--name 指定的参数值 a1 为 Flume Agent 的标识，该标识需要与配置文件 flume-logs-history.conf 中 Flume Agent 的标识一致。

上述命令执行完成后，Flume Agent 会占用 Tabby 中虚拟机 Spark03 的操作窗口，因此用户无法进行其他操作。读者可以在 Tabby 中右击虚拟机 Spark03 的操作窗口，在弹出的菜单中选择"克隆"选项，通过克隆的方式创建一个虚拟机 Spark03 的新操作窗口，如图 3-3 所示。

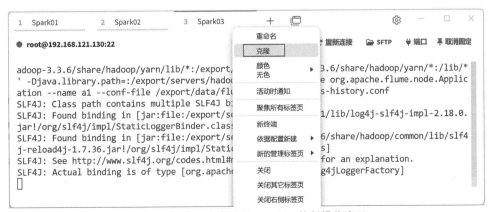

图 3-3　创建一个虚拟机 Spark03 的新操作窗口

（4）在 Tabby 中创建一个虚拟机 Spark03 的新操作窗口，用于执行 Python 文件

generate_ user _ data _ history. py，向/export/data/log/2023 目录的日志文件 user _ behaviors.log 中写入历史用户行为数据，具体命令如下。

```
python /export/servers/generate_user_data_history.py
```

上述命令执行完成后，Python 程序会占用 Tabby 中虚拟机 Spark03 的操作窗口，因此用户无法进行其他操作。

（5）在 HDFS 的/origin_data/log/user_behaviors 目录中，检查采集的历史用户行为数据是否根据用户触发行为时间中的日期，正确分配到 HDFS 的不同目录中。在虚拟机 Spark01 执行如下命令。

```
hdfs dfs -ls /origin_data/log/user_behaviors
```

上述命令执行完成的效果如图 3-4 所示。

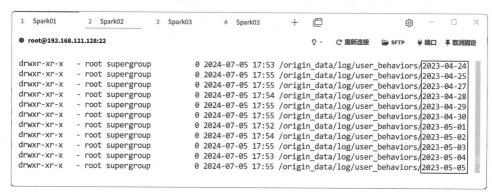

图 3-4　查看/origin_data/log/user_behaviors 目录中的内容

图 3-4 展示了/origin_data/log/user_behaviors 目录的部分内容。该目录下有许多按照日期命名的子目录，每个子目录中包含了对应日期的历史用户行为数据。

（6）查看/origin_data/log/user_behaviors 目录中任意子目录包含的文件。这里以/origin_data/log/user_behaviors/2023-04-29 目录为例，在虚拟机 Spark01 执行如下命令。

```
hdfs dfs -ls /origin_data/log/user_behaviors/2023-04-29
```

上述命令执行完成的效果如图 3-5 所示。

图 3-5　查看/origin_data/log/user_behaviors/2023-04-29 目录的内容

从图 3-5 可以看出，/origin_data/log/user_behaviors/2023-04-29 目录下有 3 个压缩文件(.gz)，这些压缩文件存储了 2023 年 4 月 29 日的用户行为数据。需要说明的是，读者在实际操作时，图 3-5 显示的文件名会与此不同。

（7）查看/origin_data/log/user_behaviors/2023-04-29 目录中任意压缩文件包含的内容。这里以 log.1720173246809.gz 文件为例，在虚拟机 Spark01 执行如下命令。

```
hdfs dfs -text \
/origin_data/log/user_behaviors/2023-04-29/log.1720173246809.gz
```

上述命令执行完成的效果如图 3-6 所示。

图 3-6　查看 log.1720173246809.gz 文件的内容

从图 3-6 可以看出，log.1720173246809.gz 文件中包含一条用户行为数据，该数据中用户触发行为的时间为 2023 年 4 月 29 日。因此说明，采集的用户行为数据根据用户触发行为时间中的日期，正确分配到 HDFS 的不同目录中。

小提示：虚拟机 Spark03 中 Flume Agent 和 Python 程序的运行时长决定了生成历史用户行为数据的数量。建议读者在虚拟机 Spark03 中运行 Flume Agent 和 Python 程序较长时间，以生成更多的历史用户行为数据，从而使后续的数据分析结果更加丰富。

2. 启动采集实时用户行为数据的 Flume Agent

在虚拟机 Spark03 中启动 Flume Agent 的操作步骤如下。

（1）启动 HDFS 集群、ZooKeeper 集群和 Kafka 集群，确保虚拟机 Spark01、Spark02 和 Spark03 中这些集群的相关进程正常启动。需要说明的是，为了优化资源利用，在采集实时用户行为数据时，可以不启动集群环境中的 YARN 集群、Doris 集群和 Hive 的相关服务。

（2）参考第 2 章上传 JDK 安装包的方式，将 Python 文件 generate_user_data_real.py 上传到虚拟机 Spark03 的/export/servers 目录中。

（3）在 Kafka 中创建主题 user_behavior_topic。在虚拟机 Spark01 执行如下命令。

```
kafka-topics.sh --create --topic user_behavior_topic \
--partitions 3 --replication-factor 2 \
--bootstrap-server spark01:9092,spark02:9092,spark03:9092
```

通过上述命令在 Kafka 中创建的主题 user_behavior_topic 包含 3 个分区和 2 个副本，以提升处理效率和数据的容错性。上述命令创建的主题需要与配置文件 flume-logs-real.conf 中指定的 Kafka 主题一致。

上述命令执行完成后，若出现"Created topic user_behavior_topic"的提示信息，说明在 Kafka 中成功创建主题 user_behavior_topic。

（4）在 Tabby 中创建一个虚拟机 Spark03 的新操作窗口，用于执行 Python 文件 generate_user_data_real.py，向/export/data/log/2024 目录的日志文件 user_behaviors.log 中写入实时用户行为数据，具体命令如下。

```
python /export/servers/generate_user_data_real.py
```

（5）在 Tabby 中创建一个虚拟机 Spark03 的新操作窗口，用于启动 Flume Agent，从/export/data/log/2024 目录中的日志文件 user_behaviors.log 里采集实时用户行为数据，具体命令如下。

```
flume-ng agent --name a2 --conf conf/ --conf-file \
/export/data/flume_conf/flume-logs-real.conf \
-Dflume.root.logger=INFO,console
```

上述命令中，参数--name 指定的参数值 a2 为 Flume Agent 的标识，该标识需要与配置文件 flume-logs-real.conf 中 Flume Agent 的标识一致。

在虚拟机 Spark01 中启动一个 Kafka 消费者，该消费者订阅主题 user_behavior_topic，用于验证 Flume 是否将采集的用户行为数据写入 Kafka 的主题 user_behavior_topic 中，具体命令如下。

```
kafka-console-consumer.sh --topic user_behavior_topic \
--group user_behavior_test \
--bootstrap-server spark01:9092,spark02:9092,spark03:9092
```

上述命令执行完成后的效果如图 3-7 所示。

图 3-7　Kafka 消费者

从图 3-7 可以看出，Kafka 消费者输出了生成的用户行为数据，说明 Flume 成功将采集的用户行为数据写入 Kafka 的主题 user_behavior_topic 中。

小提示：在确认 Flume 成功将采集的用户行为数据写入 Kafka 的主题 user_behavior_topic 后，读者可以暂时关闭生成实时用户行为数据的 Python 程序，以及负责采集实时用户行为数据的 Flume Agent。待后续进行实时分析时，再重新启动它们。

在关闭 Flume Agent、Python 程序或者 Kafka 消费者时,可以在相应的操作窗口中,通过组合键 Ctrl ＋ C 实现。

脚下留心：调整 Flume Agent 可使用 JVM 的最大内存

当 Flume Agent 启动后,出现 OutOfMemoryError 的错误信息时,通常是由于采集的数据量较大,导致 Flume Agent 可使用 JVM 的内存不够用所导致。读者可以通过修改配置文件 flume-env.sh,调整 Flume Agent 启动和运行时可使用 JVM 的最大内存,具体操作步骤如下。

(1) 通过复制模板文件 flume-env.sh.template 创建配置文件 flume-env.sh。在 Flume 安装目录的/conf 目录中执行如下命令。

```
cp flume-env.sh.template flume-env.sh
```

(2) 使用 vi 编辑器编辑配置文件 flume-env.sh,在文件的末尾添加如下内容。

```
#根据实际情况填写 JDK 安装目录
export JAVA_HOME=/export/servers/jdk1.8.0_401/
export JAVA_OPTS="-Xms1024m -Xmx2048m -Dcom.sun.management.jmxremote"
```

上述内容指定 Flume Agent 启动和运行时可使用 JVM 的最大内存分别为 1GB (-Xms1024m)和 2GB(-Xmx2048m)。配置文件 flume-env.sh 的内容修改完成后,保存并退出编辑。

3.5　本章小结

本章主要讲解了数据采集的相关内容。首先,介绍了用户行为数据的概念。然后,介绍了模拟生成用户行为数据。最后,分别介绍了采集方案的配置以及如何采集用户行为数据。通过本章的学习,读者应可以掌握项目中数据采集的实现,为后续实施数据分析提供数据支撑。

第 4 章
数 据 仓 库

学习目标

- 了解数据仓库设计，能够叙述本项目中数据仓库的架构。
- 掌握构建数据仓库，能够灵活运用 HiveQL 语句在 Hive 中构建数据仓库。
- 掌握向数据仓库加载数据，能够灵活运用不同方式向数据仓库中的表加载数据。

数据仓库是专为数据分析设计的数据管理系统，它整合来自不同数据源的数据，提供统一的数据视图。随着时间推移，数据仓库中积累的大量历史数据成为数据科学家和分析师的宝贵资产。通过数据仓库，企业可以获取全面的信息，为决策制定提供有力支持。本项目利用数据仓库存储历史用户行为数据和各类分析结果，为后续的数据分析和应用奠定基础。本章详细介绍如何通过 Hive 构建数据仓库。

4.1 数据仓库设计

本项目采用了基础的 3 层架构设计来构建数据仓库，这 3 层分别是 ODS（Operational Data Store，操作数据存储）层、DWD（Data Warehouse Detail，数据仓库明细）层和 ADS（Application Data Store，应用数据存储）层，具体介绍如下。

1. ODS 层

ODS 层主要负责存储各类数据源抽取的数据。该层存储的数据是未经过任何处理的，通常与数据源的数据结构保持一致，以保证数据的完整性。在本项目中，将抽取 HDFS 中存储的历史用户行为数据，然后将其存储在 ODS 层的表 ods_user_behavior 中。

表 ods_user_behavior 的结构如表 4-1 所示。

表 4-1   表 ods_user_behavior 的结构

字　　段	数 据 类 型	描　　述
page_info	STRUCT< 　　page_id：INT， 　　page_url：STRING， 　　product_id：INT， 　　category：STRING 　　>	通过复合数据类型 STRUCT 中的不同元素来存储页面信息中的页面唯一标识（page_id）、URL 地址（page_url）、商品唯一标识（product_id）和品类（category）

续表

字　　段	数据类型	描　　述
behavior_info	STRUCT< 　　user_id：INT， 　　behavior_type：STRING， 　　action_time：STRING， 　　location：STRING >	通过复合数据类型 STRUCT 中的不同元素来存储行为信息中的用户唯一标识(user_id)、行为类型(behavior_type)、时间(action_time)和地理位置(location)
device_info	STRUCT< 　　operating_system：STRING， 　　access_method：STRING， 　　browser_type：STRING， 　　app_version：STRING >	通过复合数据类型 STRUCT 中的不同元素来存储设备信息中的操作系统(operating_system)、访问方式(access_method)、浏览器类型(browser_type)和版本号(app_version)
dt	STRING	分区字段，根据日期分区

从表 4-1 可以看出，表 ods_user_behavior 存在一个分区字段 dt，用于根据触发用户行为时间中的日期将用户行为数据分配到不同分区中存储，以提高查询效率和数据管理的灵活性。

2. DWD 层

DWD 层主要负责存储对 ODS 层数据进行数据转换和集成的结果。该层存储的数据通常按照数据仓库的主题进行组织，可以更快地响应特定的业务分析需求。

本项目对历史用户行为数据进行转换后加载到 DWD 层的表 user_behavior_detail。此外，为了便于在数据分析时，根据日期和时间维度统计不同指标，本项目还在 DWD 层中创建了两个维度表 dim_date 和 dim_time，分别用于存储日期和时间的相关信息。

DWD 层中表的结构如表 4-2～表 4-4 所示。

表 4-2　维度表 dim_date 的结构

字　　段	数据类型	描　　述
date_key	STRING	日期的唯一标识，如 2023 年 1 月 1 日的唯一标识为 20230101
date_value	DATE	通过"年-月-日"的格式存储日期，如 2023-01-01
day_of_week	STRING	日期所属星期(英文)
month	INT	日期的月份
year	INT	日期的年份
day_of_year	INT	日期所在年份的第几天
day_of_month	INT	日期所在月份的第几天
quarter	INT	日期所属的季度

表 4-3   维度表 dim_time 的结构

字 段	数据类型	描 述
time_key	STRING	时间的唯一标识,如 00:00:01 的唯一标识为 000001
time_value	STRING	通过"时:分:秒"的格式存储时间,如 00:00:01
hours24	INT	以 24 小时格式存储时
minutes	INT	分
seconds	INT	秒
am_pm	STRING	标识时间属于上午还是下午,其中上午用值 AM 表示;下午用值 PM 表示

表 4-4   表 user_behavior_detail 的结构

字 段	数据类型	描 述
page_id	INT	页面的唯一标识
page_url	STRING	页面的 URL 地址
product_id	INT	商品的唯一标识
category	STRING	商品所属的品类
user_id	INT	用户的唯一标识
behavior_type	STRING	用户的行为类型
operating_system	STRING	操作系统
access_method	INT	标识访问方式,其中 App 用 0 表示;浏览器用 1 表示
browser_type	STRING	浏览器类型
app_version	STRING	App 的版本号
province	STRING	省份
city	STRING	城市
action_date_key	STRING	该字段的值根据用户触发行为的时间生成,用于与维度表 dim_date 的字段 date_key 相关联获取日期相关信息
action_time_key	STRING	该字段的值根据用户触发行为的时间生成,用于与维度表 dim_time 的字段 time_key 相关联获取时间相关信息
yearinfo	STRING	分区字段,根据年份分区
monthinfo	STRING	分区字段,根据月份分区
dayinfo	STRING	分区字段,根据日期分区

从表 4-4 可以看出,表 user_behavior_detail 存在 3 个分区字段 yearinfo、monthinfo 和 dayinfo,用于根据触发用户行为时间中的年份、月份和日期,将页面信息、行为信息和设备信息分配到不同分区中存储,以提高查询效率和数据管理的灵活性。此外,为了便于根据省份和城市统计不同指标,将地理位置信息中的省份和城市拆分到不同的字段进行

存储。

3. ADS 层

ADS 层主要负责存储的是为特定的业务需求或报表准备的数据,数据通常是经过汇总和计算的结果。在本项目中,将不同需求的分析结果存储在 ADS 层的表中。具体来说,流量分析的结果将存储在表 ads_visit_counts_2023 中,该表将存储不同日期和时间维度的分析结果。商品分析的结果将存储在表 ads_sale_counts_2023 中。设备分析的结果将存储在表 ads_device_counts_2023。推荐系统的结果将存储在表 ads_recommend_2023 中。地域分析的结果将存储在表 ads_sale_city_2024 中。

ADS 层中表的结构如表 4-5～表 4-9 所示。

表 4-5　表 ads_visit_counts_2023 的结构

字　　段	数 据 类 型	描　　述
month_info	STRING	标识分析结果所属的月份。若字段的值为 −1,表示分析结果与月份无关
day_info	STRING	标识分析结果所属的日期。若字段的值为 −1,表示分析结果与日期无关
quarter_info	STRING	标识分析结果所属的季度。若字段的值为 −1,表示分析结果与季度无关
am_pm_info	STRING	标识分析结果所属上午或下午。若字段的值为 −1,表示分析结果与上午和下午无关
week_info	STRING	标识分析结果所属星期。若字段的值为 −1,表示分析结果与星期无关
group_type	INT	标识不同日期或时间维度的分析结果。若字段值为 0,表示分析结果与月份有关。若字段值为 1,表示分析结果与日期有关。若字段值为 2,表示分析结果与季度有关。若字段值为 3,表示分析结果与上午和下午有关。若字段值为 4,表示分析结果与星期有关
visit_count	INT	访问量

表 4-6　表 ads_sale_counts_2023 的结构

字　　段	数 据 类 型	描　　述
product_id	INT	商品的唯一标识
sale_type	INT	标识销量类型。若字段值为 0,表示畅销品;若字段值为 1,表示滞销品
sale_count	INT	销量

表 4-7　表 ads_device_counts_2023 的结构

字　　段	数 据 类 型	描　　述
hour_interval	STRING	时间段
device_type	STRING	设备类型
access_count	INT	访问量

表 4-8   表 ads_recommend_2023 的结构

字　　段	数据类型	描　　述
user_id	INT	用户的唯一标识
product_id	INT	商品的唯一标识
rating	DOUBLE	预测评分
rmse	DOUBLE	均方根误差的值

表 4-9   表 ads_sale_city_2024 的结构

字　　段	数据类型	描　　述
city	STRING	城市
sale_count	INT	销量
create_time	TIMESTAMP	记录分析结果的时间

4.2   构建数据仓库

根据本项目的数据仓库设计,在 Hive 中构建数据仓库,具体操作步骤如下。

1. 启动 Metastore 服务

确保 HDFS 集群和 MySQL 服务处于正常启动的状态下,在虚拟机 Spark01 中启动 Hive 的 Metastore 服务,具体命令如下。

```
nohup hive --service metastore > /export/data/metastore.log 2>&1 &
```

需要说明的是,为了优化资源利用,在构建数据仓库时,可以选择仅启动集群环境中的 HDFS 集群和 Metastore 服务。

2. 连接 Hive

在虚拟机 Spark01 中使用 Hive CLI 连接 Hive,具体命令如下。

```
hive
```

3. 创建数据库

在 Hive 中创建数据库 user_behavior_db,在 Hive 命令行界面执行如下命令。

```
hive> CREATE DATABASE user_behavior_db;
```

4. 创建 ODS 层的表

为了更灵活地管理数据文件,避免在意外删除表时数据文件也被删除的风险,同时使表 ods_user_behavior 可以通过压缩数据有效节省存储空间,并与历史用户行为数据使用相同的压缩方式。本项目将 ODS 层中的表 ods_user_behavior 创建为外部表,并指定表的压缩编解码器为 Gzip。在 Hive 命令行界面执行如下命令。

```
hive> CREATE EXTERNAL TABLE user_behavior_db.ods_user_behavior (
    > page_info STRUCT<
    > page_id: INT,
    > page_url: STRING,
    > product_id: INT,
    > category: STRING
    > >,
    > behavior_info STRUCT<
    > user_id: INT,
    > behavior_type: STRING,
    > action_time: STRING,
    > location: STRING
    > >,
    > device_info STRUCT<
    > operating_system: STRING,
    > access_method: STRING,
    > browser_type: STRING,
    > app_version: STRING
    > >
    > )
    > PARTITIONED BY (dt STRING)
    > ROW FORMAT SERDE 'org.apache.hadoop.hive.serde2.JsonSerDe'
    > LOCATION '/user_behavior/ods'
    > TBLPROPERTIES ('compression.codec'='org.apache.hadoop.io.compress.
GzipCodec');
```

上述命令中指定表 ods_user_behavior 的序列化格式为 JsonSerDe,用于解析 JSON 格式的用户行为数据。

5. 创建 DWD 层的表

为了更灵活地管理数据文件,避免在意外删除表时数据文件也被删除的风险,本项目将 DWD 层中的表创建为外部表。此外,为了在节省存储空间的同时优化数据分析和查询效率,分别指定表的存储格式和压缩编解码器为 ORC 和 SNAPPY。接下来演示如何在 Hive 的数据库 user_behavior_db 中创建 DWD 层的表,具体步骤如下。

(1) 创建用于存储日期相关信息的维度表 dim_date。在 Hive 命令行界面执行如下命令。

```
hive> CREATE EXTERNAL TABLE user_behavior_db.dim_date (
    > date_key STRING,
    > date_value DATE,
    > day_of_week STRING,
    > month INT,
```

```
> year INT,
> day_of_year INT,
> day_of_month INT,
> quarter INT
> )
> STORED AS ORC
> LOCATION '/user_behavior/dwd/dim_date'
> TBLPROPERTIES ('orc.compress' = 'snappy');
```

（2）创建用于存储时间相关信息的维度表 dim_time。在 Hive 命令行界面执行如下命令。

```
hive> CREATE EXTERNAL TABLE user_behavior_db.dim_time (
> time_key STRING,
> time_value STRING,
> hours24 INT,
> minutes INT,
> seconds INT,
> am_pm STRING
> )
> STORED AS ORC
> LOCATION '/user_behavior/dwd/dim_time'
> TBLPROPERTIES ('orc.compress' = 'snappy');
```

（3）创建用于存储历史用户行为数据转换结果的表 user_behavior_detail。在 Hive 命令行界面执行如下命令。

```
hive> CREATE EXTERNAL TABLE user_behavior_db.user_behavior_detail (
> page_id INT,
> page_url STRING,
> product_id INT,
> category STRING,
> user_id INT,
> behavior_type STRING,
> operating_system STRING,
> access_method INT,
> browser_type STRING,
> app_version STRING,
> province STRING,
> city STRING,
> action_date_key STRING,
> action_time_key STRING
> )
> PARTITIONED BY (yearinfo STRING,monthinfo STRING,dayinfo STRING)
```

```
> STORED AS ORC
> LOCATION '/user_behavior/dwd/user_behavior_detail'
> TBLPROPERTIES ('orc.compress' = 'snappy');
```

6. 创建 ADS 层的表

为了更灵活地管理数据文件,避免在意外删除表时数据文件也被删除的风险,本项目将 ADS 层中的表创建为外部表。此外,考虑到 ADS 层数据主要用于报表、分析和决策支持,查询性能至关重要。虽然压缩数据可以节省存储空间,但会增加查询时的解压缩开销,影响查询性能。因此,ADS 层的表将不进行压缩。接下来演示如何在 Hive 的数据库 user_behavior_db 中创建 ADS 层的表,具体步骤如下。

(1)创建用于存储流量分析结果的表 ads_visit_counts_2023。在 Hive 命令行界面执行如下命令。

```
hive> CREATE EXTERNAL TABLE user_behavior_db.ads_visit_counts_2023 (
> month_info STRING,
> day_info STRING,
> quarter_info STRING,
> am_pm_info STRING,
> week_info STRING,
> group_type INT,
> visit_count INT
> )
> ROW FORMAT DELIMITED
> FIELDS TERMINATED BY '\t'
> STORED AS TEXTFILE
> LOCATION '/user_behavior/ads/ads_visit_counts_2023';
```

(2)创建用于存储商品分析结果的表 ads_sale_counts_2023。在 Hive 命令行界面执行如下命令。

```
hive> CREATE EXTERNAL TABLE user_behavior_db.ads_sale_counts_2023 (
> product_id INT,
> sale_type INT,
> sale_count INT
> )
> ROW FORMAT DELIMITED
> FIELDS TERMINATED BY '\t'
> STORED AS TEXTFILE
> LOCATION '/user_behavior/ads/ads_sale_counts_2023';
```

(3)创建用于存储设备分析结果的表 ads_device_counts_2023。在 Hive 命令行界面执行如下命令。

```
hive> CREATE EXTERNAL TABLE user_behavior_db.ads_device_counts_2023 (
    > hour_interval STRING,
    > device_type STRING,
    > access_count INT
    > )
    > ROW FORMAT DELIMITED
    > FIELDS TERMINATED BY '\t'
    > STORED AS TEXTFILE
    > LOCATION '/user_behavior/ads/ads_device_counts_2023';
```

（4）创建用于存储推荐系统结果的表 ads_recommend_2023。在 Hive 命令行界面执行如下命令。

```
hive> CREATE EXTERNAL TABLE user_behavior_db.ads_recommend_2023 (
    > user_id INT,
    > product_id INT,
    > rating DOUBLE,
    > rmse DOUBLE
    > )
    > ROW FORMAT DELIMITED
    > FIELDS TERMINATED BY '\t'
    > STORED AS TEXTFILE
    > LOCATION '/user_behavior/ads/ads_recommend_2023';
```

（5）创建用于存储地域分析结果的表 ads_sale_city_2024。在 Hive 命令行界面执行如下命令。

```
hive> CREATE EXTERNAL TABLE user_behavior_db.ads_sale_city_2024 (
    > city STRING,
    > sale_count INT,
    > create_time TIMESTAMP
    > )
    > ROW FORMAT DELIMITED
    > FIELDS TERMINATED BY '\t'
    > STORED AS TEXTFILE
    > LOCATION '/user_behavior/ads/ads_sale_city_2024';
```

4.3　向数据仓库加载数据

在数据仓库构建完成后，需要进行以下数据加载操作：
- 将采集到的历史用户行为数据加载至 ODS 层的表 ods_user_behavior。
- 对 ods_user_behavior 表中的数据进行转换后加载至 DWD 层的表 user_behavior_

detail。

- 将日期和时间维度数据加载至 DWD 层相应的维度表。

本节详细讲解如何向数据仓库加载数据。

4.3.1　向 ODS 层的表加载数据

将 HDFS 的/origin_data/log/user_behaviors 目录中采集的历史用户行为数据加载到 ODS 层的表 ods_user_behavior 时,需要根据触发用户行为时间的日期,将数据加载到不同分区中。如果手动为每个分区执行 LOAD DATA 语句加载数据将非常耗时。因此,可以编写一个 Shell 脚本,根据/origin_data/log/user_behaviors 目录中子目录的名称,为表 ods_user_behavior 的相应分区加载数据。

向 ODS 层的表 ods_user_behavior 加载数据的操作步骤如下。

(1) 在虚拟机 Spark01 的/export/servers 目录中通过 vi 编辑器编辑 Shell 脚本 load_user_behavior.sh,向该文件中添加如下内容。

```
1   #!/bin/bash
2   #指定数据源目录
3   SOURCE_DIR=/origin_data/log/user_behaviors
4   #指定 Hiveserver2 服务地址的同时明确操作的数据库 user_behavior_db
5   HIVE_SERVER2_URL="jdbc:hive2://spark01:10000/user_behavior_db"
6   #指定操作 Hive 的用户 root
7   HIVE_USER="root"
8   #遍历数据源目录中的每个子目录
9   for dir in `hadoop fs -ls $SOURCE_DIR | awk 'NR>1 {print $8}'`
10  do
11    #根据子目录提取日期
12    dt=$(basename $dir)
13    echo "Processing directory: $dir with partition date: $dt"
14    #根据提取的日期向表 ods_user_behavior 的相应分区加载数据
15    beeline -u "$HIVE_SERVER2_URL" -n "$HIVE_USER" -e "
16    LOAD DATA INPATH '$dir' INTO TABLE ods_user_behavior PARTITION (dt='$dt');
17    "
18    if [ $? -eq 0 ]; then
19      echo "Successfully loaded data for partition: $dt"
20    else
21      echo "Failed to load data for partition: $dt"
22    fi
23  done
```

上述内容添加完成后,保存并退出文件 load_user_behavior.sh。

(2) 使用 chmod 命令为 Shell 脚本 load_user_behavior.sh 添加可执行权限。在虚拟机 Spark01 的/export/servers 目录中执行如下命令。

```
chmod +x load_user_behavior.sh
```

（3）确保 HDFS 集群、MySQL 服务和 Metastore 服务处于正常启动的状态下，在虚拟机 Spark01 中启动 Hive 的 Hiveserver2 服务，具体命令如下。

```
nohup hiveserver2 > /export/data/hiveserver2.log 2>&1 &
```

需要说明的是，为了优化资源利用，在向 ODS 层的表加载数据时，可以选择仅启动集群环境中的 HDFS 集群、Metastore 服务和 Hiveserver2 服务。若读者希望关闭 Hiveserver2 服务，可以执行如下命令。

```
kill $(ps aux | grep -E "HiveServer2" | awk '{print $2}' | head -n 1)
```

（4）使用 sh 命令执行 Shell 脚本 load_user_behavior.sh。在虚拟机 Spark01 的/export/servers 目录中执行如下命令。

```
sh load_user_behavior.sh
```

上述命令执行完成后可以通过 Shell 脚本 load_user_behavior.sh 输出到控制台的信息确认是否将数据成功加载到表 ods_user_behavior 的不同分区中，如图 4-1 所示。

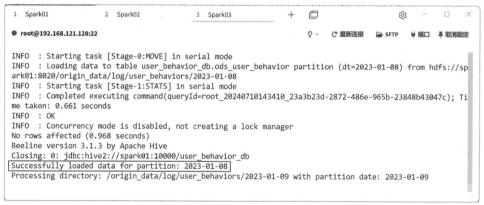

图 4-1　Shell 脚本 load_user_behavior.sh 输出到控制台的信息

从图 4-1 可以看出，当成功向表 ods_user_behavior 的某个分区加载数据后，会在控制台输出相应的信息。例如，成功向表 ods_user_behavior 的分区 2023-01-08 加载数据后，在控制台输出了"Successfully loaded data for partition：2023-01-08"的信息。

（5）查看表 ods_user_behavior 的数据，以验证数据内容是否正确。由于该表存储了大量的历史用户行为数据，为避免全表查询产生大量查询结果，这里仅查询前 3 行数据。在 Hive 命令行界面执行如下命令。

```
hive> SELECT * FROM user_behavior_db.ods_user_behavior LIMIT 3;
```

上述命令执行完成后的效果如图 4-2 所示。

图 4-2　查看表 ods_user_behavior 的数据

从图 4-2 可以看出，这 3 条数据存储在表 ods_user_behavior 的分区 2023-01-01，并且页面信息、行为信息和设备信息分别以结构化的形式存储。

小提示：Shell 脚本 load_user_behavior.sh 运行时长与/origin_data/log/user_behaviors 目录中历史用户行为数据的数量有关。

4.3.2　向 DWD 层的表加载数据

本项目通过编写 Spark 程序的方式，加载数据到维度表 dim_date 和 dim_time，以及通过编写 HiveQL 语句的方式，加载数据到表 user_behavior_detail，具体实现过程如下。

1. 向维度表 dim_date 加载数据

维度表 dim_date 中的日期范围通常根据业务需求和历史数据来确定，确保覆盖需要分析的所有历史数据的时间段。本项目涉及的历史用户行为数据仅包括 2023 年，因此，将向维度表 dim_date 加载 2023 年全年所有的日期信息。

为了演示如何通过编写 Spark 程序向维度表 dim_date 加载数据。接下来分步骤讲解如何在 PyCharm 中编写 Spark 程序，以及如何在 YARN 集群上运行 Spark 程序，具体操作步骤如下。

（1）在 spark_project 项目中安装 pyspark 包，以支持使用 Python 编写 Spark 程序，实现过程如下。

① 在 PyCharm 中，使用快捷键 Ctrl＋Alt＋S 打开 Settings 对话框。在该对话框中，展开"Project：spark_project"并选择 Python Interpreter 选项，如图 4-3 所示。

② 在图 4-3 中，单击 Install＋按钮打开 Available Packages 对话框。首先，在输入框中输入 pyspark。接着，选择名为 pyspark 的包。然后，勾选 Specify version 复选框。最后，在 Specify version 复选框后方的下拉框中选择 pyspark 包的版本为 3.4.3。

Available Packages 对话框配置完成的效果如图 4-4 所示。

③ 在图 4-4 中，单击 Install Package 按钮安装 pyspark 包。当出现 Package 'pyspark' Installed successfully 的提示信息时，说明成功安装 pyspark 包，如图 4-5 所示。

在图 4-5 中，单击 Close 按钮关闭 Available Packages 对话框，返回 Settings 对话框。在 Settings 对话框中，单击 OK 按钮完成 pyspark 包的安装。

（2）在项目 spark_project 中创建名为 load 的目录，在该目录中创建名为 load_dim_date 的 Python 文件用于实现向维度表 dim_date 加载数据的 Spark 程序，具体代码如

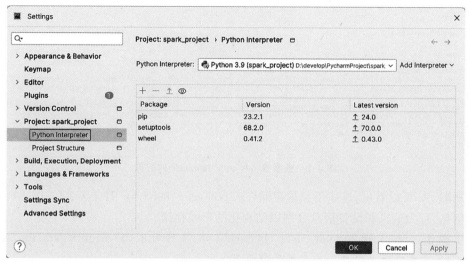

图 4-3　Settings 对话框

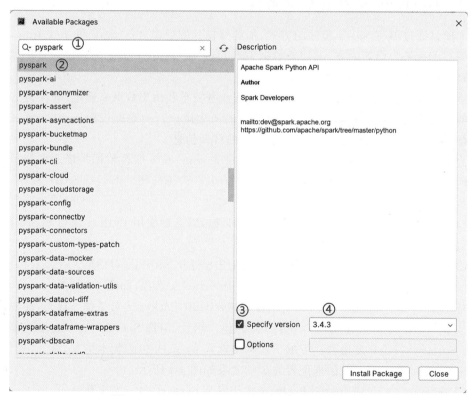

图 4-4　Available Packages 对话框配置完成的效果

文件 4-1 所示。

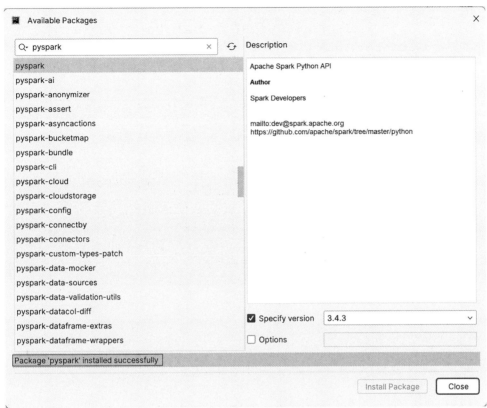

图 4-5 成功安装 pyspark 包

文件 4-1 load_dim_date.py

```
1   from pyspark.sql import SparkSession
2   from pyspark.sql.functions import col, expr, date_format
3   spark = SparkSession.builder \
4       .appName("load_dim_date") \
5       .config("hive.metastore.uris", "thrift://spark01:9083") \
6       .enableHiveSupport() \
7       .getOrCreate()
8   start_date = "2023-01-01"
9   end_date = "2023-12-31"
10  date_df = spark.sql(f"SELECT sequence(to_date('{start_date}'), "
11                  f"to_date('{end_date}'), interval 1 day) as date_seq")
12  date_seq_df = date_df.selectExpr("explode(date_seq) as date_value")
13  date_addColumn_df = date_seq_df \
14      .withColumn('date_key',
15              date_format(col('date_value'), 'yyyyMMdd').cast("string")) \
16      .withColumn('day_of_week',
17              date_format(col('date_value'), 'EEEE').cast("string")) \
```

```
18        .withColumn('month',
19             date_format(col('date_value'), 'MM').cast("int")) \
20        .withColumn('year',
21             date_format(col('date_value'), 'yyyy').cast("int")) \
22        .withColumn('day_of_year',
23             date_format(col('date_value'), 'D').cast("int")) \
24        .withColumn('day_of_month',
25             date_format(col('date_value'), 'd').cast("int")) \
26        .withColumn('quarter',
27             expr("ceil(month/3)").cast("int"))
28  date_select_df = date_addColumn_df.select(
29      'date_key', 'date_value', 'day_of_week', 'month', 'year',
30      'day_of_year', 'day_of_month', 'quarter'
31  )
32  #指定维度表 dim_date 在 HDFS 存储数据的目录
33  table_location = '/user_behavior/dwd/dim_date'
34  date_select_df.write \
35  .mode('overwrite') \
36  .format('orc') \
37  .option('path', table_location) \
38  .saveAsTable('user_behavior_db.dim_date')
```

上述代码中,第 3～7 行代码创建了一个 SparkSession 对象 spark,其中 config()方法用于配置 Metastore 服务的地址;enableHiveSupport()方法用于启用 Hive 支持,便于 Spark 程序与 Hive 进行交互。

第 8、9 行代码用于定义日期范围从 2023 年 1 月 1 日到 2023 年 12 月 31 日。

第 10、11 行代码生成了一个 DataFrame 对象 date_df,该对象通过字段 date_seq 存储指定日期范围内所有日期的日期序列。

第 12 行代码生成了一个 DataFrame 对象 date_seq_df,该对象通过字段 date_value 存储展开的日期序列,将每个日期都单独作为字段 date_value 的一行出现。

第 13～27 行代码根据维度表 dim_date 的结构向 DataFrame 对象 date_seq_df 中添加字段 date_key、day_of_week、month、year、day_of_year、day_of_month 和 quarter,并指定这些字段的数据和数据类型。

第 28～31 行代码生成了一个 DataFrame 对象 date_select_df,用于将 DataFrame 对象 date_addColumn_df 中的字段按照指定顺序排列,使其与维度表 dim_date 中字段的顺序保持一致。

第 34～38 行代码用于将 DataFrame 对象 date_select_df 中的数据以覆盖模式写入维度表 dim_date,并指定存储格式为 ORC。

(3) 为了在 YARN 集群上运行 Spark 程序,需要将 Python 文件 load_dim_date.py 上传到虚拟机 Spark02 的/export/servers 目录中。

(4) 确保 HDFS 集群和 MySQL 服务处于正常启动的状态下,在虚拟机 Spark01 中启动 Hive 的 Metastore 服务，具体命令如下。

```
nohup hive --service metastore > /export/data/metastore.log 2>&1 &
```

（5）启动 YARN 集群，在虚拟机 Spark01 执行如下命令。

```
start-yarn.sh
```

需要说明的是，为了优化资源利用，在向 DWD 层的表加载数据时，可以选择仅启动集群环境中的 HDFS 集群、YARN 集群和 Metastore 服务。

（6）将 Python 文件 load_dim_date.py 中实现的 Spark 程序提交到 YARN 集群运行。在虚拟机 Spark02 执行如下命令。

```
spark-submit \
--master yarn \
--deploy-mode cluster \
/export/servers/load_dim_date.py
```

上述命令执行完成后可以通过访问 YARN Web UI 查看 Spark 程序的运行状态，若其状态为 FINISHED 并且最终状态为 SUCCEEDED 则表示运行成功。

（7）查看维度表 dim_date 的数据，以验证数据内容是否正确。由于该表存储了大量日期信息，为避免全表查询产生大量查询结果，这里仅查询前 3 行数据。在 Hive 命令行界面执行如下命令。

```
hive> SELECT * FROM user_behavior_db.dim_date LIMIT 3;
```

上述命令执行完成后的效果如图 4-6 所示。

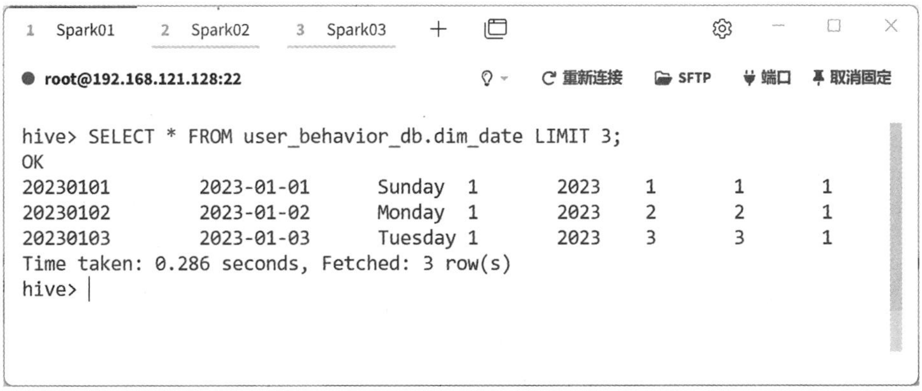

图 4-6　查看维度表 dim_date 的数据

图 4-6 展示了维度表 dim_date 中的前 3 行数据，从这些数据可以看出，每一行数据包含了不同日期的信息。例如，第一行数据表示日期 2023-01-01 所属的星期、月份、年份和季度分别为 Sunday（星期日）、1 月份、2023 年和第一季度，该日期为 2023 年的第一天，

并且为 1 月份的第一天。

2. 向维度表 dim_time 加载数据

维度表 dim_time 中的时间范围通常包含一天内的所有时间点。接下来演示如何通过编写 Spark 程序向维度表 dim_time 加载一天内所有时间点的信息，具体操作步骤如下。

（1）在项目 spark_project 的 load 目录中创建名为 load_dim_time 的 Python 文件用于实现向维度表 dim_time 加载数据的 Spark 程序，具体代码如文件 4-2 所示。

文件 4-2　load_dim_time.py

```
1   from pyspark.sql import SparkSession
2   from pyspark.sql.functions import col, date_format
3   spark = SparkSession.builder \
4       .appName("load_dim_time") \
5       .config("hive.metastore.uris", "thrift://spark01:9083") \
6       .enableHiveSupport() \
7       .getOrCreate()
8   start_time = "00:00:00"
9   end_time = "23:59:59"
10  time_df = spark.sql(f"""
11      SELECT sequence(to_timestamp('{start_time}'),
12      to_timestamp('{end_time}'), interval 1    second) as time_seq
13  """)
14  time_seq_df = time_df.selectExpr("explode(time_seq) as time_value")
15  time_addColumn_df = time_seq_df \
16      .withColumn('time_key',
17              date_format(col('time_value'), 'HHmmss').cast("string")) \
18      .withColumn('time_value',
19              date_format(col('time_value'), 'HH:mm:ss').cast("string")) \
20      .withColumn('hours24',
21              date_format(col('time_value'), 'HH').cast("int")) \
22      .withColumn('minutes',
23              date_format(col('time_value'), 'mm').cast("int")) \
24      .withColumn('seconds',
25              date_format(col('time_value'), 'ss').cast("int")) \
26      .withColumn('am_pm',
27              date_format(col('time_value'), 'a').cast("string"))
28  time_select_df = time_addColumn_df.select(
29      'time_key', 'time_value', 'hours24', 'minutes', 'seconds', 'am_pm'
30  )
31  #指定维度表 dim_time 在 HDFS 存储数据的目录
32  table_location = '/user_behavior/dwd/dim_time'
```

```
33  time_select_df.write.mode('overwrite') \
34  .format('orc') \
35  .option('path', table_location) \
36  .saveAsTable('user_behavior_db.dim_time')
```

上述代码中，第 8、9 行代码用于定义时间范围从 00 点 00 分 00 秒到 23 点 59 分 59 秒。

第 10~13 行代码生成了一个 DataFrame 对象 time_df，该对象通过字段 time_seq 存储指定时间范围内所有时间点的时间序列。

第 14 行代码生成了一个 DataFrame 对象 time_seq_df，该对象通过字段 time_value 存储展开的时间序列，将每个时间点都单独作为字段 time_value 的一行出现。

第 15~27 行代码根据维度表 dim_time 的结构向 DataFrame 对象 time_seq_df 中添加字段 time_key、time_value、hours24、minutes、seconds 和 am_pm，并指定这些字段的数据和数据类型。

第 28~30 行代码生成了一个 DataFrame 对象 time_select_df，用于将 DataFrame 对象 time_addColumn_df 中的字段按照指定顺序排列，使其与维度表 dim_time 中字段的顺序保持一致。

第 33~36 行代码用于将 DataFrame 对象 time_select_df 中的数据以覆盖模式写入维度表 dim_time，并指定存储格式为 ORC。

（2）为了在 YARN 集群上运行 Spark 程序，需要将 Python 文件 load_dim_time.py 上传到虚拟机 Spark02 的 /export/servers 目录中。

（3）将 Python 文件 load_dim_time.py 中实现的 Spark 程序提交到 YARN 集群运行，在虚拟机 Spark02 执行如下命令。

```
spark-submit \
--master yarn \
--deploy-mode cluster \
/export/servers/load_dim_time.py
```

上述命令执行完成后可以通过访问 YARN Web UI 查看 Spark 程序的运行状态，若其状态为 FINISHED 并且最终状态为 SUCCEEDED 表示运行成功。

（4）查看维度表 dim_time 的数据，以验证数据内容是否正确。由于该表存储了大量的时间信息，为避免全表查询产生大量查询结果，这里仅查询前 3 行数据。在 Hive 命令行界面执行如下命令。

```
hive> SELECT * FROM user_behavior_db.dim_time LIMIT 3;
```

上述命令执行完成后的效果如图 4-7 所示。

图 4-7 展示了维度表 dim_time 中的前 3 行数据，从这些数据可以看出，每一行数据包含了不同时间的信息。例如，第一行数据表示时间 00：00：00 的时、分和秒分别为 0、0

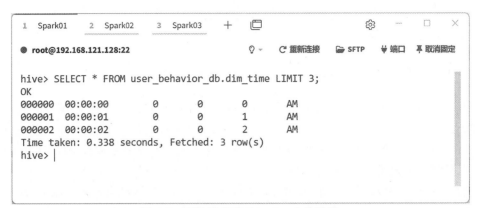

图 4-7　查看维度表 dim_time 中的数据

和 0，该时间属于上午。

3. 向表 user_behavior_detail 加载数据

因此，通过编写 HiveQL 语句的方式向表 user_behavior_detail 加载数据，具体操作步骤如下。

（1）在向表 user_behavior_detail 加载数据时，将利用 Hive 的动态分区来优化数据加载过程，根据触发用户行为时间中的年份、月份和日期，将页面信息分配到不同分区中存储。然而，Hive 默认关闭了动态分区。因此，向表 user_behavior_detail 加载数据之前，需要开启 Hive 的动态分区。在 Hive 命令行界面执行下列命令。

```
hive> SET hive.exec.dynamic.partition=true;
hive> SET hive.exec.dynamic.partition.mode=nonstrict;
```

需要说明的是，上述开启 Hive 动态分区的命令是临时生效的。

（2）Hive 默认支持通过动态分区向表加载数据时，可以创建的最大分区数为 100。为了避免在向表 user_behavior_detail 加载数据时，由于创建的分区数超过 100 而导致加载数据失败，这里将最大分区数调整为 1000。在 Hive 命令行界面执行下列命令。

```
hive> SET hive.exec.max.dynamic.partitions=1000;
hive> SET hive.exec.max.dynamic.partitions.pernode=1000;
```

需要说明的是，上述调整最大分区数的命令是临时生效的。

（3）通过查询表 ods_user_behavior 获取历史用户行为数据，将这些数据中部分字段的内容进行转换后加载到表 user_behavior_detail 中。在 Hive 命令行界面执行如下命令。

```
hive> INSERT
    > OVERWRITE TABLE user_behavior_db.user_behavior_detail
    > PARTITION (yearinfo,monthinfo,dayinfo)
    > SELECT
```

```
> page_info.page_id,
> page_info.page_url,
> page_info.product_id,
> page_info.category,
> behavior_info.user_id,
> behavior_info.behavior_type,
> device_info.operating_system,
> CASE device_info.access_method
> WHEN 'browser' THEN 1
> WHEN 'app' THEN 0
> ELSE device_info.access_method
> END as access_method,
> device_info.browser_type,
> device_info.app_version,
> split(behavior_info.location, ',')[0] AS province,
> split(behavior_info.location, ',')[1] AS city,
> date_format(behavior_info.action_time, 'yyyyMMdd') AS action_date_key,
> date_format(behavior_info.action_time, 'HHmmss') AS action_time_key,
> year(dt) AS yearinfo,
> month(dt) AS monthinfo,
> day(dt) AS dayinfo
> FROM
> user_behavior_db.ods_user_behavior;
```

（4）查看表 user_behavior_detail 的数据，以验证数据转换结果是否正确。由于该表存储了大量转换后的历史用户行为数据，为避免全表查询产生大量查询结果，同时为了清晰地查看数据的内容，这里仅查询第一行数据。在 Hive 命令行界面执行如下命令。

```
hive> SELECT * FROM user_behavior_db.user_behavior_detail LIMIT 1;
```

上述命令执行完成后的效果如图 4-8 所示。

图 4-8　查看表 user_behavior_detail 中的数据

图 4-8 展示了表 user_behavior_detail 中的第一行数据，可以看出历史用户行为数据

中的部分信息进行了转换。例如,访问方式中的 browser 被替换为 1。地理位置被拆分为省份(四川)和城市(成都)。触发用户行为时间被拆分为日期(20230101)和时间(025413)两部分,并且分别格式化为 yyyyMMdd(年月日)和 HHmmss(时分秒)的格式,以便与维度表 dim_date 和 dim_time 进行关联。

4.4 本章小结

本章主要讲解了数据仓库的相关内容。首先,介绍了数据仓库设计。然后,介绍了构建数据仓库。最后,分别介绍了向数据仓库中 ODS 层和 DWD 层的表加载数据。通过本章的学习,读者应可以掌握本项目中数据仓库的实现,为项目提供了有利的数据存储保障。

第 5 章

数 据 分 析

学习目标

- 掌握流量分析,能够根据不同日期和时间维度分析网站用户活跃度。
- 掌握商品分析,能够分析网站中的畅销品和滞销品。
- 掌握设备分析,能够分析用户在不同时间段的设备偏好。
- 掌握推荐系统,能够基于协同过滤为用户推荐可能感兴趣的商品。
- 掌握地域分析,能够实时统计每个城市的销售情况。

数据分析是一种从数据中获取有价值信息的方法,它可以帮助我们理解数据背后的规律。随着信息技术的飞速进步,数据的规模和复杂度不断增加,大数据时代已经到来。在这个时代,数据分析在各个领域都发挥着重要的作用。无论是商业决策,还是科学研究,数据分析都提供了新的视角和解决方案。本章详细介绍如何使用 Spark 进行用户行为数据分析。

5.1 流量分析

流量分析是一种利用网站访问数据来评估和优化网站运营效果的方法,它对于提升网站的设计、内容和营销策略有着重要的作用。流量分析包含多种指标,如页面浏览量(PV)、跳出率、访问时长等,它们可以从不同的角度反映用户在网站上的行为和偏好。本项目重点分析流量分析中的页面浏览量指标。

页面浏览量是指用户在网站上访问页面的总次数,每当用户打开一个网站页面,页面浏览量就会增加一次,即使用户对同一页面进行了多次访问,也不会影响页面浏览量的计算。页面浏览量作为网站运营的重要参考数据,能够直观地反映出网站用户的活跃程度和网站内容的吸引力。

本项目将从不同的日期和时间维度对页面浏览量进行分析,包括月度、季度等,以全面了解网站用户活跃度的变化趋势。接下来演示如何利用 Spark,对 2023 年的历史用户行为数据进行页面浏览量分析,具体操作步骤如下。

1. 创建 Python 文件

在项目 spark_project 中创建名为 analyze 的目录,在该目录中创建名为 visit_counts 的 Python 文件。

2. 实现 Spark 程序

在 visit_counts.py 文件中实现页面浏览量分析的 Spark 程序，具体实现过程如下。

（1）导入用于创建和配置 Spark 程序的类 SparkSession，以及页面浏览量分析所用到的函数 col、lit、count、from_unixtime 和 unix_timestamp。在 visit_counts.py 文件中添加如下代码。

```
1  from pyspark.sql import SparkSession
2  from pyspark.sql.functions import col, lit, count, \
3      from_unixtime, unix_timestamp
```

（2）创建 SparkSession 对象的同时启用 Hive 支持，以便 Spark 程序与 Hive 进行交互。在 visit_counts.py 文件中添加如下代码。

```
1  spark = SparkSession.builder \
2      .appName("visit_count") \
3      .config("hive.metastore.uris", "thrift://spark01:9083") \
4      .enableHiveSupport() \
5      .getOrCreate()
```

（3）获取表 user_behavior_detail、dim_date 和 dim_time 的数据。在 visit_counts.py 文件中添加如下代码。

```
1  user_behavior_detail = spark.read \
2      .table("user_behavior_db.user_behavior_detail")
3  dim_date = spark.read.table("user_behavior_db.dim_date")
4  dim_time = spark.read.table("user_behavior_db.dim_time")
```

上述代码中，第 1、2 行代码生成了一个 DataFrame 对象 user_behavior_detail，该对象包含了表 user_behavior_detail 的数据。第 3 行代码生成了一个 DataFrame 对象 dim_date，该对象包含了表 dim_date 的数据。第 4 行代码生成了一个 DataFrame 对象 dim_time，该对象包含了表 dim_time 的数据。

（4）分析每个月的页面浏览量。在 visit_counts.py 文件中添加如下代码。

```
1  month_info = user_behavior_detail.groupBy("monthinfo") \
2      .agg(count("*").alias("visit_count")) \
3      .select(
4          col("monthinfo").alias("month_info"),
5          lit("-1").alias("day_info"),
6          lit("-1").alias("quarter_info"),
7          lit("-1").alias("am_pm_info"),
8          lit("-1").alias("week_info"),
9          lit("0").alias("group_type"),
10         "visit_count"
11     )
```

上述代码,首先,使用 groupBy 算子按照字段 monthinfo 对表 user_behavior_detail 中的数据进行分组。然后,使用 agg 算子对每组数据进行聚合操作,统计每组数据的行数(即页面访问量),并将结果保存到字段 visit_count 中。最后,使用 select 算子选择并创建所需的字段,生成 DataFrame 对象 month_info。

关于 select 算子选择并创建字段的介绍如下。

① 选择字段 monthinfo 并重命名为 month_info,用于获取月份的值。

② 创建值为 −1 的常量字段 day_info,用于表示分析结果与日期无关。

③ 创建值为 −1 的常量字段 quarter_info,用于表示分析结果与季度无关。

④ 创建值为 −1 的常量字段 am_pm_info,用于表示分析结果与上、下午无关。

⑤ 创建值为 −1 的常量字段 week_info,用于表示分析结果与星期无关。

⑥ 创建值为 0 的常量字段 group_type,用于表示分析结果与月份有关。

⑦ 选择字段 visit_count,用于获取分析结果。

(5) 分析每天的页面浏览量。在 visit_counts.py 文件中添加如下代码。

```
1    day_info = user_behavior_detail.groupBy("action_date_key") \
2        .agg(count("*").alias("visit_count")) \
3        .select(
4            lit("-1").alias("month_info"),
5            from_unixtime(
6                unix_timestamp("action_date_key", "yyyyMMdd"),
7                "yyyy-MM-dd")
8            .alias("day_info"),
9            lit("-1").alias("quarter_info"),
10           lit("-1").alias("am_pm_info"),
11           lit("-1").alias("week_info"),
12           lit("1").alias("group_type"),
13           "visit_count"
14       )
```

上述代码,首先,使用 groupBy 算子按照字段 action_date_key 对表 user_behavior_detail 中的数据进行分组。然后,使用 agg 算子对每组数据进行聚合操作,统计每组数据的行数(即页面访问量),并将结果保存到字段 visit_count 中。最后,使用 select 算子选择并创建所需的字段,生成 DataFrame 对象 day_info。

关于 select 算子选择并创建字段的介绍如下。

① 创建值为 −1 的常量字段 month_info,用于表示分析结果与月份无关。

② 选择字段 action_date_key,将字段的值格式化为 yyyy-MM-dd 格式的日期字符串之后,保存到字段 day_info,用于获取日期的值。

③ 创建值为 −1 的常量字段 quarter_info,用于表示分析结果与季度无关。

④ 创建值为 −1 的常量字段 am_pm_info,用于表示分析结果与上、下午无关。

⑤ 创建值为 −1 的常量字段 week_info,用于表示分析结果与星期无关。

⑥ 创建值为 1 的常量字段 group_type，用于表示分析结果与日期有关。

⑦ 选择字段 visit_count，用于获取分析结果。

（6）分析每个季度的页面浏览量。在 visit_counts.py 文件中添加如下代码。

```
1  dim_date_join = user_behavior_detail.join(
2     dim_date,
3     user_behavior_detail.action_date_key == dim_date.date_key
4  ).cache()
5  quarter_info = dim_date_join.groupBy("quarter") \
6     .agg(count("*").alias("visit_count")) \
7     .select(
8        lit("-1").alias("month_info"),
9        lit("-1").alias("day_info"),
10       col("quarter").alias("quarter_info"),
11       lit("-1").alias("am_pm_info"),
12       lit("-1").alias("week_info"),
13       lit("2").alias("group_type"),
14       "visit_count"
15    )
```

上述代码中，第 1～4 行代码使用 join 算子对 DataFrame 对象 user_behavior_detail 和 dim_date 进行内连接，指定关联条件为 user_behavior_detail 中字段 action_date_key 的值等于 dim_date 中字段 date_key 的值。将内连接的结果保存到 DataFrame 对象 dim_date_join 并进行缓存，以便后续重复使用。

第 5～15 行代码，首先，使用 groupBy 算子按照字段 quarter 对 dim_date_join 中的数据进行分组。然后，使用 agg 算子对每组数据进行聚合操作，统计每组数据的行数（即页面访问量），并将结果保存到字段 visit_count 中。最后，使用 select 算子选择并创建所需的字段，生成 DataFrame 对象 quarter_info。

关于 select 算子选择并创建字段的介绍如下。

① 创建值为−1 的常量字段 month_info，用于表示分析结果与月份无关。

② 创建值为−1 的常量字段 day_info，用于表示分析结果与日期无关。

③ 选择字段 quarter 并重命名为 quarter_info，用于获取季度的值。

④ 创建值为−1 的常量字段 am_pm_info，用于表示分析结果与上、下午无关。

⑤ 创建值为−1 的常量字段 week_info，用于表示分析结果与星期无关。

⑥ 创建值为 2 的常量字段 group_type，用于表示分析结果与季度有关。

⑦ 选择字段 visit_count，用于获取分析结果。

（7）分析不同星期的页面浏览量。在 visit_counts.py 文件中添加如下代码。

```
1  week_info = dim_date_join.groupBy("day_of_week") \
2     .agg(count("*").alias("visit_count")) \
3     .select(
```

```
4              lit("-1").alias("month_info"),
5              lit("-1").alias("day_info"),
6              lit("-1").alias("quarter_info"),
7              lit("-1").alias("am_pm_info"),
8              col("day_of_week").alias("week_info"),
9              lit("4").alias("group_type"),
10             "visit_count"
11         )
```

　　上述代码,首先,使用 groupBy 算子按照字段 day_of_week 对 dim_date_join 中的数据进行分组。然后,使用 agg 算子对每组数据进行聚合操作,统计每组数据的行数(即页面访问量),并将结果保存到字段 visit_count 中。最后,使用 select 算子选择并创建所需的字段,生成 DataFrame 对象 week_info。

　　关于 select 算子选择并创建字段的介绍如下。

① 创建值为−1 的常量字段 month_info,用于表示分析结果与月份无关。

② 创建值为−1 的常量字段 day_info,用于表示分析结果与日期无关。

③ 创建值为−1 的常量字段 quarter_info,用于表示分析结果与季度无关。

④ 创建值为−1 的常量字段 am_pm_info,用于表示分析结果与上、下午无关。

⑤ 选择字段 day_of_week 并重命名为 week_info,用于获取星期的值。

⑥ 创建值为 4 的常量字段 group_type,用于表示分析结果与星期有关。

⑦ 选择字段 visit_count,用于获取分析结果。

(8) 分析上午和下午的页面浏览量。在 visit_counts.py 文件中添加如下代码。

```
1    dim_time_join = user_behavior_detail.join(
2        dim_time,
3        user_behavior_detail.action_time_key == dim_time.time_key
4    )
5    am_pm_info = dim_time_join.groupBy("am_pm") \
6        .agg(count("*").alias("visit_count")) \
7        .select(
8            lit("-1").alias("month_info"),
9            lit("-1").alias("day_info"),
10           lit("-1").alias("quarter_info"),
11           col("am_pm").alias("am_pm_info"),
12           lit("-1").alias("week_info"),
13           lit("3").alias("group_type"),
14           "visit_count"
15       )
```

　　上述代码中,第 1~4 行代码使用 join 算子对 DataFrame 对象 user_behavior_detail 和 dim_time 进行内连接,指定关联条件为 user_behavior_detail 中字段 action_time_key 的值等于 dim_time 中字段 time_key 的值。将内连接的结果保存到 DataFrame 对象

dim_time_join。

第 5~15 行代码,首先,使用 groupBy 算子按照字段 am_pm 对 dim_time_join 中的数据进行分组。然后,使用 agg 算子对每组数据进行聚合操作,统计每组数据的行数(即页面访问量),并将结果保存到字段 visit_count 中。最后,使用 select 算子选择并创建所需的字段,生成 DataFrame 对象 am_pm_info。

关于 select 算子选择并创建字段的介绍如下。

① 创建值为−1 的常量字段 month_info,用于表示分析结果与月份无关。

② 创建值为−1 的常量字段 day_info,用于表示分析结果与日期无关。

③ 创建值为−1 的常量字段 quarter_info,用于表示分析结果与季度无关。

④ 选择字段 am_pm 并重命名为 am_pm_info,用于获取上午或下午的值。

⑤ 创建值为−1 的常量字段 week_info,用于表示分析结果与星期无关。

⑥ 创建值为 3 的常量字段 group_type,用于表示分析结果与上午和下午有关。

⑦ 选择字段 visit_count,用于获取分析结果。

(9) 使用 union 算子合并 DataFrame 对象 month_info、day_info、quarter_info、am_pm_info 和 week_info。在 visit_counts.py 文件中添加如下代码。

```
1    result = month_info.union(day_info).union(quarter_info) \
2            .union(am_pm_info).union(week_info)
```

上述代码生成了 DataFrame 对象 result,该对象中包含了不同日期和时间维度的页面访问量分析结果。

(10) 将 DataFrame 对象 result 中的数据以覆盖模式写入表 ads_visit_counts_2023。在 visit_counts.py 文件中添加如下代码。

```
1    #指定表 ads_visit_counts_2023 在 HDFS 存储数据的目录
2    table_location = '/user_behavior/ads/ads_visit_counts_2023'
3    result.write.format("hive").mode("overwrite") \
4    .option('path', table_location) \
5    .saveAsTable("user_behavior_db.ads_visit_counts_2023")
```

3. 运行 Spark 程序

为了在 YARN 集群上运行 Spark 程序,需要将 visit_counts.py 文件上传到虚拟机 Spark02 的/export/servers 目录中。确保 MetaStore 服务、HDFS 集群和 YARN 集群处于启动状态下,将 visit_counts.py 文件中实现的 Spark 程序提交到 YARN 集群运行。在虚拟机 Spark02 执行如下命令。

```
spark-submit \
--master yarn \
--deploy-mode cluster \
/export/servers/visit_counts.py
```

上述命令执行完成后可以通过访问 YARN Web UI 查看 Spark 程序的运行状态，若其状态为 FINISHED 并且最终状态为 SUCCEEDED 表示运行成功。

需要说明的是，为了优化资源利用，在运行流量分析的 Spark 程序时，可以选择仅启动集群环境中的 HDFS 集群、YARN 集群和 MetaStore 服务。

4. 查看表 ads_visit_counts_2023 的数据

由于表 ads_visit_counts_2023 存储了不同日期和时间维度的流量分析结果，为避免全表查询产生大量查询结果，将根据月份维度查询流量分析的结果。在 Hive 命令行界面执行如下命令。

```
hive> SELECT * FROM user_behavior_db.ads_visit_counts_2023
    > WHERE group_type = 0;
```

上述命令执行完成的效果如图 5-1 所示。

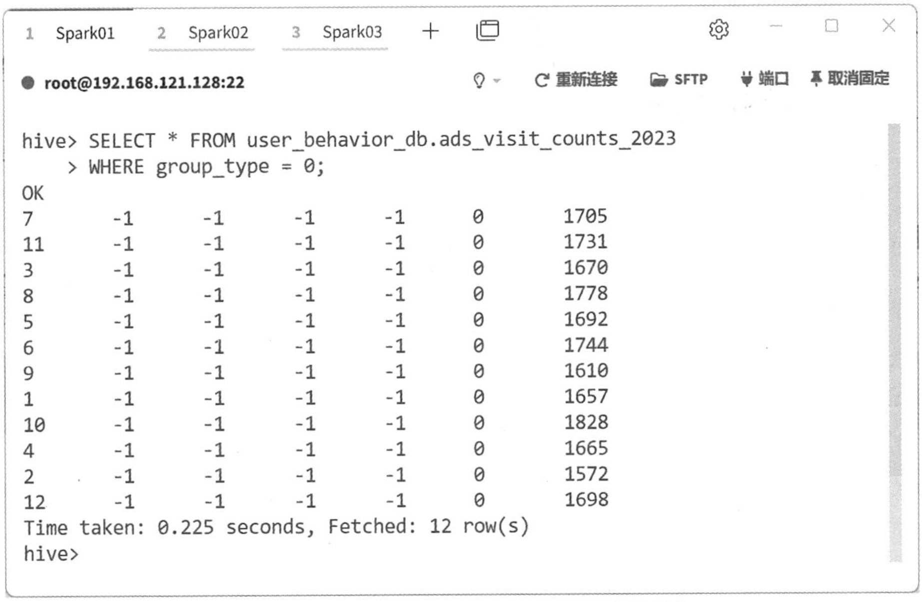
1 Spark01
2 Spark02
3 Spark03
root@192.168.121.128:22
重新连接
SFTP
端口
取消固定
hive> SELECT * FROM user_behavior_db.ads_visit_counts_2023
> WHERE group_type = 0;
OK
7 -1 -1 -1 -1 0 1705
11 -1 -1 -1 -1 0 1731
3 -1 -1 -1 -1 0 1670
8 -1 -1 -1 -1 0 1778
5 -1 -1 -1 -1 0 1692
6 -1 -1 -1 -1 0 1744
9 -1 -1 -1 -1 0 1610
1 -1 -1 -1 -1 0 1657
10 -1 -1 -1 -1 0 1828
4 -1 -1 -1 -1 0 1665
2 -1 -1 -1 -1 0 1572
12 -1 -1 -1 -1 0 1698
Time taken: 0.225 seconds, Fetched: 12 row(s)
hive>

图 5-1 查看表 ads_visit_counts_2023 中的数据

图 5-1 展示了表 ads_visit_counts_2023 中关于月份维度的流量分析结果，这些数据反映了每个月用户访问网站的总次数。例如，2023 年 1 月份用户访问网站的总次数为 1657。需要说明的是，实际分析结果与读者采集的历史用户行为数据有关。

5.2 商品分析

商品分析是一种利用商品数据来了解商品销售情况、市场趋势和用户行为的方法。它对于优化商品、预测市场趋势和制定营销策略至关重要。例如，通过分析各商品的销量，可以识别畅销品和滞销品，为商品优化提供依据；通过分析历史销售数据，可以预测未来的销售趋势，为商品的进货、陈列、促销等决策提供依据。

本项目分析各商品的销量，将销量最高的 10 件商品定义为畅销品，销量最低的 10 件商品定义为滞销品，以全面了解网站中的畅销品和滞销品。接下来讲解如何利用 Spark 对 2023 年的历史用户行为数据进行商品分析，具体操作步骤如下。

1. 创建 Python 文件

在项目 spark_project 的 analyze 目录中创建名为 product_sale_counts 的 Python 文件。

2. 实现 Spark 程序

在 product_sale_counts.py 文件中实现分析各商品销量的 Spark 程序，具体实现过程如下。

（1）导入用于创建和配置 Spark 程序的类 SparkSession。在 product_sale_counts.py 文件中添加如下代码。

```
from pyspark.sql import SparkSession
```

（2）创建 SparkSession 对象的同时启用 Hive 支持，以便 Spark 程序与 Hive 进行交互。在 product_sale_counts.py 文件中添加如下代码。

```
1    spark = SparkSession.builder \
2        .appName("sale_count") \
3        .config("hive.metastore.uris", "thrift://spark01:9083") \
4        .enableHiveSupport() \
5        .getOrCreate()
```

（3）从历史用户行为数据中获取被购买过的商品。在 product_sale_counts.py 文件中添加如下代码。

```
1    product_sales = spark.sql("""
2        SELECT product_id
3        FROM user_behavior_db.user_behavior_detail
4        WHERE behavior_type = 'purchase'
5        """)
```

上述代码通过执行 SQL 语句，从表 user_behavior_detail 中获取字段 behavior_type 值为 purchase 的数据，并从这些数据中提取字段 product_id 的值，将其存放在 DataFrame 对象 product_sales 中。

（4）为了后续使用 SQL 语句查询 DataFrame 对象 product_sales 中的数据，这里将其注册为临时表 product_sales。在 product_sale_counts.py 文件中添加如下代码。

```
product_sales.createOrReplaceTempView("product_sales")
```

（5）统计每件商品被购买的次数。在 product_sale_counts.py 文件中添加如下代码。

```
1    product_sale_counts = spark.sql("""
2        SELECT product_id, COUNT(*) as sale_count
3        FROM product_sales
4        GROUP BY product_id
5    """)
```

上述代码通过执行 SQL 语句,对临时表 product_sales 中的数据按照字段 product_id 进行分组,并对每组数据进行聚合操作,统计每组数据的行数(即每个商品被购买的次数),将结果保存到字段 sale_count 中,最终生成一个 DataFrame 对象 product_sale_counts。

(6)为了后续使用 SQL 语句查询 DataFrame 对象 product_sale_counts 中的数据,这里将其注册为临时表 product_sale_counts。在 product_sale_counts.py 文件中添加如下代码。

```
product_sale_counts.createOrReplaceTempView("product_sale_counts")
```

(7)获取销量排名前 10 的商品。在 product_sale_counts.py 文件中添加如下代码。

```
1    top_10_products = spark.sql("""
2        SELECT product_id,'0' AS sale_type,sale_count
3        FROM product_sale_counts
4        ORDER BY sale_count DESC
5        LIMIT 10
6    """)
```

上述代码通过执行 SQL 语句,对临时表 product_sale_counts 中的数据按照字段 sale_count 进行降序排序,并获取排序结果的前 10 条数据,即销量最高的 10 件商品。最终生成一个 DataFrame 对象 top_10_products。

(8)获取销量排名后 10 的商品。在 product_sale_counts.py 文件中添加如下代码。

```
1    bottom_10_products = spark.sql("""
2        SELECT product_id,'1' AS sale_type,sale_count
3        FROM product_sale_counts
4        ORDER BY sale_count ASC
5        LIMIT 10
6    """)
```

上述代码通过执行 SQL 语句,对临时表 product_sale_counts 中的数据按照字段 sale_count 进行升序排序,并获取排序结果的前 10 条数据,即销量最低的 10 件商品。最终生成一个 DataFrame 对象 bottom_10_products。

(9)使用 union 算子合并 DataFrame 对象 top_10_products 和 bottom_10_products。在 visit_counts.py 文件中添加如下代码。

```
result = top_10_products.union(bottom_10_products))
```

上述代码生成了 DataFrame 对象 result,该对象中包含了网站中畅销品和滞销品的分析结果。

(10) 将 DataFrame 对象 result 中的数据以覆盖模式写入表 ads_sale_counts_2023。在 visit_counts.py 文件中添加如下代码。

```
1   #指定表 ads_sale_counts_2023 在 HDFS 存储数据的目录
2   table_location = '/user_behavior/ads/ads_sale_counts_2023'
3   result.write.format("hive").mode("overwrite") \
4   .option('path', table_location) \
5   .saveAsTable("user_behavior_db.ads_sale_counts_2023")
```

3. 运行 Spark 程序

为了在 YARN 集群上运行 Spark 程序,需要将 product_sale_counts.py 文件上传到虚拟机 Spark02 的/export/servers 目录中。确保 MetaStore 服务、HDFS 集群和 YARN 集群处于启动状态下,将 product_sale_counts.py 文件中实现的 Spark 程序提交到 YARN 集群运行。在虚拟机 Spark02 执行如下命令。

```
spark-submit \
--master yarn \
--deploy-mode cluster \
/export/servers/product_sale_counts.py
```

上述命令执行完成后可以通过访问 YARN Web UI 查看 Spark 程序的运行状态,若其状态为 FINISHED 并且最终状态为 SUCCEEDED 表示运行成功。

需要说明的是,为了优化资源利用,在运行商品分析的 Spark 程序时,可以选择仅启动集群环境中的 HDFS 集群、YARN 集群和 MetaStore 服务。

4. 查看表 ads_sale_counts_2023 的数据

通过查询表 ads_sale_counts_2023 的全部数据,获取电商网站中畅销品和滞销品的信息。在 Hive 命令行界面执行如下命令。

```
hive> SELECT * FROM user_behavior_db.ads_sale_counts_2023;
```

上述命令执行完成的效果如图 5-2 所示。

在图 5-2 中,表 ads_sale_counts_2023 中的每行数据依次记录了商品的唯一标识、销售类型的标识(0 表示畅销品,1 表示滞销品)和商品的销量。例如,第一行数据显示唯一标识为 269 的商品为畅销品,销量为 37。需要说明的是,实际分析结果与读者采集的历史用户行为数据有关。

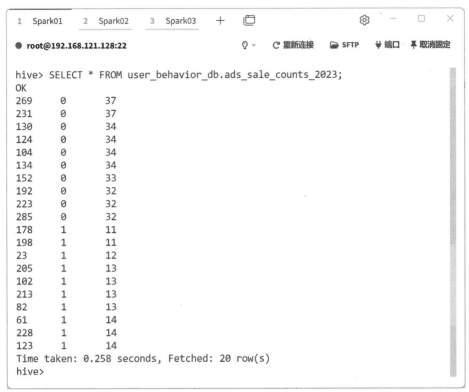

图 5-2 查看表 ads_sale_counts_2023 中的数据

5.3 设备分析

设备分析是一种利用用户设备数据来了解用户访问行为、网站性能和使用习惯的方法。它对于优化网站设计、提高用户体验和制定营销策略至关重要。例如,通过分析用户使用的设备类型,可以识别不同设备的用户行为差异,为网站优化提供依据;通过分析特定时间段内的设备使用情况,可以了解用户在不同时间段的设备偏好,为调整营销策略提供数据支持。

在本项目中,根据用户的访问时间,将数据按每小时的时间间隔进行分段。例如,将 0 点到 1 点之间的数据归为第一个时间段,将 1 点到 2 点之间的数据归为第二个时间段,以此类推。然后,分析各时间段内移动设备和桌面设备的使用情况。其中,移动设备包括操作系统为 iOS 和 Android 的设备,桌面设备包括操作系统为 Windows 和 macOS 的设备。

接下来讲解如何利用 Spark 对 2023 年的历史用户行为数据进行设备分析,具体操作步骤如下。

1. 创建 Python 文件

在项目 spark_project 的 analyze 目录中创建名为 hourly_device_counts 的 Python 文件。

2. 实现 Spark 程序

在 hourly_device_counts.py 文件中实现设备分析的 Spark 程序,具体实现过程如下。

(1)导入用于创建和配置 Spark 程序的类 SparkSession,以及设备分析所用到的函数 count、concat、lit、col 和 when。在 hourly_device_counts.py 文件中添加如下代码。

```
1    from pyspark.sql import SparkSession
2    from pyspark.sql.functions import count, concat, lit, col, when
```

(2)创建 SparkSession 对象的同时启用 Hive 支持,以便 Spark 程序与 Hive 进行交互。在 hourly_device_counts.py 文件中添加如下代码。

```
1    spark = SparkSession.builder \
2        .appName("device_count") \
3        .config("hive.metastore.uris", "thrift://spark01:9083") \
4        .enableHiveSupport() \
5        .getOrCreate()
```

(3)获取表 user_behavior_detail 的数据。在 hourly_device_counts.py 文件中添加如下代码。

```
1    user_behavior_detail = spark.sql("""
2        SELECT operating_system, action_time_key
3        FROM user_behavior_db.user_behavior_detail
4        """)
```

上述代码通过执行 SQL 语句,获取表 user_behavior_detail 中字段 operating_system 和 action_time_key 的值,并生成一个 DataFrame 对象 user_behavior_detail。

(4)获取表 dim_time 的数据。在 hourly_device_counts.py 文件中添加如下代码。

```
1    dim_time = spark.sql("""
2        SELECT time_key, hours24
3        FROM user_behavior_db.dim_time
4        """)
```

上述代码通过执行 SQL 语句,获取表 dim_time 中字段 time_key 和 hours24 的值,并生成一个 DataFrame 对象 dim_time。

(5)连接 DataFrame 对象 user_behavior_detail 和 dim_time。在 hourly_device_counts.py 文件中添加如下代码。

```
1    join_data = user_behavior_detail.join(
2        dim_time,
```

```
3            user_behavior_detail.action_time_key == dim_time.time_key
4      )
```

上述代码使用 join 算子对 DataFrame 对象 user_behavior_detail 和 dim_time 进行内连接,指定关联条件为 user_behavior_detail 中字段 action_time_key 的值等于 dim_time 中字段 time_key 的值。将内连接的结果保存到 DataFrame 对象 join_data。

(6) 将操作系统转换为设备类型。在 hourly_device_counts.py 文件中添加如下代码。

```
1    add_device_type = join_data.withColumn("device_type",
2                    when(
3                        col("operating_system").isin(["iOS", "Android"]),
4                        "Mobile"
5                    )
6                    .when(
7                        col("operating_system").isin(["Windows", "macOS"]),
8                        "Desktop"
9                    )
10                   )
```

上述代码用于向 DataFrame 对象 join_data 添加一个字段 device_type,并生成一个新的 DataFrame 对象 add_device_type。字段 device_type 的值与字段 operating_system 的值有关。具体来说,当字段 operating_system 的值为 iOS 或 Android 时,字段 device_type 的值为 Mobile,表示移动设备。当字段 operating_system 的值为 Windows 或 macOS 时,字段 device_type 的值为 Desktop,表示桌面设备。

(7) 根据用户的访问时间,将数据按每小时的时间间隔进行分段。在 hourly_device_counts.py 文件中添加如下代码。

```
1    add_hour_interval = add_device_type.withColumn("hour_interval",
2                              concat(
3                                  lpad(col("hours24"), 2, '0'),
4                                  lit(":00-"),
5                                  lpad(((col("hours24")+1)%24), 2, '0'),
6                                  lit(":00")
7                              )
8                          )
```

上述代码用于向 DataFrame 对象 add_device_type 添加一个字段 hour_interval,并生成一个新的 DataFrame 对象 add_hour_interval。字段 hour_interval 的值为不同的时间段,例如,01:00—02:00 表示 1 点到 2 点之间的时间段。

(8) 统计每个时间段内的移动设备和桌面设备的访问量。在 hourly_device_counts.py

文件中添加如下代码。

```
1   device_access_counts = add_hour_interval \
2                    .groupBy("device_type", "hour_interval") \
3                    .agg(count("*").alias("access_count")
4                    )
```

上述代码，首先，使用 groupBy 算子按照字段 device_type 和 hour_interval 对 DataFrame 对象 add_hour_interval 中的数据进行分组。然后，使用 agg 算子对每组数据进行聚合操作，统计每组数据的行数，即访问量，并将结果保存到字段 access_count 中，生成 DataFrame 对象 device_access_counts。

（9）将 DataFrame 对象 device_access_counts 中的数据以覆盖模式写入表 ads_device_counts_2023。在 hourly_device_counts.py 文件中添加如下代码。

```
1   #指定表 ads_device_counts_2023 在 HDFS 存储数据的目录
2   table_location = '/user_behavior/ads/ads_device_counts_2023'
3   device_access_counts.write.format("hive").mode("overwrite") \
4   .option('path', table_location) \
5   .saveAsTable("user_behavior_db.ads_device_counts_2023")
```

3. 运行 Spark 程序

为了在 YARN 集群上运行 Spark 程序，需要将 hourly_device_counts.py 文件上传到虚拟机 Spark02 的/export/servers 目录中。确保 MetaStore 服务、HDFS 集群和 YARN 集群处于启动状态下，将 hourly_device_counts.py 文件中实现的 Spark 程序提交到 YARN 集群运行。在虚拟机 Spark02 执行如下命令。

```
spark-submit \
--master yarn \
--deploy-mode cluster \
/export/servers/hourly_device_counts.py
```

上述命令执行完成后可以通过访问 YARN Web UI 查看 Spark 程序的运行状态，若其状态为 FINISHED 并且最终状态为 SUCCEEDED 表示运行成功。

需要说明的是，为了优化资源利用，在运行设备分析的 Spark 程序时，可以选择仅启动集群环境中的 HDFS 集群、YARN 集群和 MetaStore 服务。

4. 查看表 ads_device_counts_2023 的数据

由于表 ads_device_counts_2023 存储了不同时间段内用户使用不同设备访问网站的数据，为避免查询全部数据产生大量结果，筛选出 21 点至 22 点之间的数据。在 Hive 命令行界面执行如下命令。

```
hive> SELECT * FROM user_behavior_db.ads_device_counts_2023
   > WHERE hour_interval = '21:00-22:00';
```

上述命令执行完成的效果如图 5-3 所示。

图 5-3 查看表 ads_device_counts_2023 中的数据

图 5-3 展示了表 ads_device_counts_2023 中关于 21 点至 22 点之间用户使用不同设备访问网站的数据,其中使用移动设备(Mobile)访问网站的用户数为 439;使用桌面设备(Desktop)访问网站的用户数为 403。需要说明的是,实际分析结果与读者采集的历史用户行为数据有关。

5.4 推荐系统

电商网站中的推荐系统是通过分析用户的历史行为数据,预测用户可能感兴趣的商品,从而向用户推荐这些商品。推荐系统通过提供个性化的商品推荐,帮助用户更快速、便捷地发现符合其偏好的商品,从而提高用户满意度和购买转化率。

在本项目中,将采用基于协同过滤的 ALS(Alternating Least Squares,交替最小二乘法)算法来构建推荐系统。协同过滤是一种广泛应用于推荐系统的方法,它通过分析用户与商品之间的交互行为(如点击、购买、评分等),挖掘用户潜在的兴趣偏好,并根据相似用户的行为模式进行商品推荐。简单来说,如果用户 A 喜欢商品 1、2 和 3,而用户 B 喜欢商品 1 和 2,那么就可以推荐商品 3 给用户 B。

ALS 算法作为协同过滤的一种具体实现,通过矩阵分解技术将用户-商品交互矩阵分解为用户特征矩阵和商品特征矩阵,从而揭示用户和商品的隐含特征。通过这些特征向量,可以分析用户对未交互商品的潜在兴趣,实现个性化推荐。

接下来讲解如何利用 Spark,基于 2023 年的历史用户行为数据,构建一个商品推荐系统,实现为每个用户推荐 3 个他们可能感兴趣的商品,具体操作步骤如下。

1. 创建 Python 文件

在项目 spark_project 的 analyze 目录中创建名为 product_recommend 的 Python 文件。

2. 实现 Spark 程序

在 product_recommend.py 文件中构建推荐系统的 Spark 程序,具体实现过程如下。

(1)导入构建推荐系统所需的类和函数。在 product_recommend.py 文件中添加如下代码。

```
1    from pyspark.sql import SparkSession
2    from pyspark.ml.evaluation import RegressionEvaluator
3    from pyspark.ml.recommendation import ALS
4    from pyspark.sql.functions import when,col
```

上述代码中，第 1 行代码导入用于创建和配置 Spark 程序的类 SparkSession。第 2 行代码导入用于评估回归模型性能的类 RegressionEvaluator，该类提供了多种评估指标，如平均平方误差（MSE）、均方根误差（RMSE）等，可用于衡量推荐系统的预测准确性。第 3 行代码导入用于在 Spark 程序中使用 ALS 算法的类 ALS。第 4 行代码导入函数 when 和 col。

（2）创建 SparkSession 对象的同时启用 Hive 支持，以便 Spark 程序与 Hive 进行交互。在 product_recommend.py 文件中添加如下代码。

```
1    spark = SparkSession.builder \
2      .appName("product_recommend") \
3      .config("hive.metastore.uris", "thrift://spark01:9083") \
4      .enableHiveSupport() \
5      .getOrCreate()
```

（3）获取表 user_behavior_detail 的数据。在 product_recommend.py 文件中添加如下代码。

```
1    user_behavior_detail = spark.sql("""
2        SELECT
3        user_id, product_id, behavior_type
4        FROM user_behavior_db.user_behavior_detail
5    """)
```

上述代码通过执行 SQL 语句，获取表 user_behavior_detail 中字段 user_id、product_id 和 behavior_type 的值，并生成一个 DataFrame 对象 user_behavior_detail。

（4）为了使 ALS 算法能够基于用户对商品的兴趣程度发现用户和商品的隐含特征，需要将用户行为转化为量化的评分。这些评分反映了用户对不同商品的兴趣程度，评分越高，表示用户对该商品越感兴趣。通过这种方式将用户行为转化为 ALS 算法可以处理的数值。在 product_recommend.py 文件中添加如下代码。

```
1    add_rating = user_behavior_detail.withColumn(
2        "rating",
3        when(col("behavior_type") == "click", 1.0)
4        .when(col("behavior_type") == "cart", 2.0)
5        .when(col("behavior_type") == "purchase", 3.0)
6        .cast("double")
7    )
```

上述代码在 DataFrame 对象 user_behavior_detail 中添加了一个 Double 类型的字段 rating，并生成了一个新的 DataFrame 对象 add_rating。字段 rating 的值与字段 behavior _type 的值有关，具体来说，当字段 behavior_type 的值为 click 时，字段 rating 的值为 1.0，表示用户点击商品的行为评分为 1.0。当字段 behavior_type 的值为 cart 时，字段 rating 的值为 2.0，表示用户将商品加入购物车的行为评分为 2.0。当字段 behavior_type 的值为 purchase 时，字段 rating 的值为 3.0，表示用户购买商品的行为评分为 3.0。

（5）将 DataFrame 对象 add_rating 中的数据划分为训练集和测试集，其中训练集用于训练推荐系统的模型；测试集用于评估模型的性能。在 product_recommend.py 文件中添加如下代码。

```
(train, test) = add_rating.randomSplit([0.8, 0.2], seed=42)
```

上述代码指定训练集 train 的数据量占 DataFrame 对象 add_rating 中数据的 80%，指定测试集 test 的数据量占 DataFrame 对象 add_rating 中数据的 20%。此外，通过 randomSplit() 函数中的参数 seed 来控制数据划分过程的随机性。具体来说，每次运行 Spark 程序时，若参数 seed 的值不变，则可以得到相同的训练集和测试集划分结果，从而确保模型训练和评估的稳定性。

（6）设置 ALS 算法用于训练模型的参数。在 product_recommend.py 文件中添加如下代码。

```
1    als = ALS(
2        maxIter=10,
3        regParam=0.1,
4        userCol="user_id",
5        itemCol="product_id",
6        ratingCol="rating",
7        coldStartStrategy="drop",
8        nonnegative=True
9    )
```

针对上述代码中 ALS 函数的参数进行如下说明。

- 参数 maxIter 用于设置最大迭代次数。参数值越大，迭代次数越多，模型越精确，但训练模型的时间也会更长。
- 参数 regParam 用于设置正规化参数。参数值越大，正则化越强，模型越简单，但可能导致欠拟合。
- 参数 userCol 用于设置用户唯一标识的字段。
- 参数 itemCol 用于设置商品唯一标识的字段。
- 参数 ratingCol 用于设置评分的字段。
- 参数 coldStartStrategy 用于设置推荐系统的冷启动策略。参数值为 drop，表示忽略没有评分记录的商品。

- 参数 nonnegative 用于设置是否使用非负约束。参数值为 True,表示使用非负约束,以保证模型预测的评分为非负数。

(7) 使用 ALS 算法基于训练集训练推荐系统的模型。在 product_recommend.py 文件中添加如下代码。

```
model = als.fit(train)
```

(8) 使用训练完成的模型对测试集进行预测,得到用户对于商品的预测评分。在 product_recommend.py 文件中添加如下代码。

```
predictions = model.transform(test)
```

(9) 使用均方根误差基于预测评分来评估模型的性能。在 product_recommend.py 文件中添加如下代码。

```
1  evaluator = RegressionEvaluator(
2      metricName="rmse",
3      labelCol="rating",
4      predictionCol="prediction"
5  )
6  rmse = evaluator.evaluate(predictions)
7  rmse_broadcast = spark.sparkContext.broadcast(rmse)
```

上述代码中,第 1~5 行代码获取 RegressionEvaluator 对象,其中参数 metricName 的值为 rmse,表示评估指标为均方根误差;参数 labelCol 的值为 rating,表示存放真实评分的字段为 rating;参数 predictionCol 的值为 prediction,表示存放预测评分的字段为 prediction。

第 6 行代码用于对模型的预测结果进行评估并得到均方根误差的值。第 7 行代码用于将均方根误差的值转换为广播变量 rmse_broadcast,以便后续将均方根误差的值高效地插入 DataFrame 对象的每一行。

需要说明的是,均方根误差的值越小,表示模型的预测评分与真实评分越接近,说明模型的预测准确度越高。预测评分反映了模型预测用户对商品感兴趣的程度,预测评分的值越大,说明用户对商品越感兴趣。

(10) 基于训练完成的模型为每个用户推荐预测评分较高的前 3 个商品。在 product_recommend.py 文件中添加如下代码。

```
userRecs = model.recommendForAllUsers(3)
```

上述代码生成了一个 DataFrame 对象 userRecs,该对象包含 user_id 和 recommendations 两个字段,其中字段 recommendations 的类型为列表,列表中包含 3 个元素,分别为用户推荐的商品及其相应的预测评分。列表中的每个元素为字典类型,字典中包含键 product_id 用于记录商品的唯一标识,以及键 rating 用于记录预测评分。

（11）调整 DataFrame 对象 userRecs 中的数据结构，以便将数据写入 Hive 的表 ads_ recommend_2023。在 product_recommend.py 文件中添加如下代码。

```
1    reformatted_recs = userRecs \
2        .withColumn(
3            "recommendations",
4            explode("recommendations")
5        ) \
6        .withColumn(
7            "rmse",
8            lit(rmse_broadcast.value)
9        ) \
10       .select(
11           "user_id",
12           col("recommendations.product_id"),
13           col("recommendations.rating"),
14           "rmse"
15       )
```

上述代码获取了 DataFrame 对象 userRecs 中的用户的唯一标识（user_id）、商品的唯一标识（recommendations.product_id）和预测评分（recommendations.rating），以及向 userRecs 中添加了字段 rmse 用于记录均方根误差的值。最终生成了一个新的 DataFrame 对象 reformatted_recs。

（12）将 DataFrame 对象 reformatted_recs 中的数据以覆盖模式写入表 ads_ recommend_2023。在 product_recommend.py 文件中添加如下代码。

```
1    #指定表 ads_recommend_2023 在 HDFS 存储数据的目录
2    table_location = '/user_behavior/ads/ads_recommend_2023'
3    reformatted_recs.write.format("hive").mode("overwrite") \
4        .option('path', table_location) \
5        .saveAsTable("user_behavior_db.ads_recommend_2023")
```

3. 安装 NumPy

由于 product_recommend.py 文件中使用的 ALS 算法依赖于 numpy 包，所以在 YARN 集群上运行 Spark 程序之前，需要在虚拟机 Spark02 中安装版本为 1.26.4 的 NumPy。在虚拟机 Spark02 执行如下命令。

```
pip install numpy==1.26.4
```

上述命令执行完成后，若出现"Successfully installed numpy-1.26.4"的提示信息，则说明 NumPy 安装成功。

需要说明的是，如果在安装 NumPy 时提示"pip：未找到命令"，那么需要在虚拟机 Spark02 中执行"yum install python3-pip -y"命令安装 pip。

4. 运行 Spark 程序

为了在 YARN 集群上运行 Spark 程序,需要将 product_recommend.py 文件上传到虚拟机 Spark02 的/export/servers 目录中。确保 MetaStore 服务、HDFS 集群和 YARN 集群处于启动状态下,将 product_recommend.py 文件中实现的 Spark 程序提交到 YARN 集群运行。在虚拟机 Spark02 执行如下命令。

```
spark-submit \
--master yarn \
--deploy-mode cluster \
/export/servers/product_recommend.py
```

上述命令执行完成后可以通过访问 YARN Web UI 查看 Spark 程序的运行状态,若其状态为 FINISHED 并且最终状态为 SUCCEEDED 表示运行成功。

需要说明的是,为了优化资源利用,在运行推荐系统的 Spark 程序时,可以选择仅启动集群环境中的 HDFS 集群、YARN 集群和 MetaStore 服务。

5. 查看表 ads_recommend_2023 的数据

由于表 ads_recommend_2023 存储了为所有访问过网站的用户推荐的商品信息,为避免查询全部数据产生大量结果,将筛选出唯一标识为 3 的用户的商品推荐信息。在 Hive 命令行界面执行如下命令。

```
hive> SELECT * FROM user_behavior_db.ads_recommend_2023
    > WHERE user_id = 3;
```

上述命令执行完成的效果如图 5-4 所示。

图 5-4　查看表 ads_recommend_2023 中的数据

从图 5-4 可以看出,推荐系统为唯一标识为 3 的用户推荐了预测评分较高的前 3 个商品,它们的唯一标识分别是 95、8 和 28,并且预测评分分别为 2.550568、2.3573012 和 2.348484。

5.5　地域分析

地域分析是一种基于用户地理位置数据，深入挖掘用户行为、市场需求和区域特征的方法。它通过揭示不同地区用户的消费习惯、偏好、需求差异，为企业制定精准的市场策略、优化运营效率、提升用户满意度提供关键依据。

例如，通过分析不同地区的用户行为，了解各地区用户的消费习惯，从而实现市场细分，制定更有针对性的营销策略，提高营销效果；通过分析特定地区的销售数据，了解不同地区的销售趋势，优化库存管理，合理配置物流资源，降低运营成本，提高供应链效率。

本项目根据实时用户行为数据实时统计各城市的销售情况。接下来讲解如何利用 Spark 对实时用户行为数据进行地域分析，具体操作步骤如下。

1. 创建 Python 文件

在项目 spark_project 的 analyze 目录中创建名为 city_sale_counts 的 Python 文件。

2. 实现 Spark 程序

在 city_sale_counts.py 文件中实现地域分析的 Spark 程序，具体实现过程如下。

（1）导入实现地域分析所需的类和函数。在 city_sale_counts.py 文件中添加如下代码。

```
1    from pyspark.sql import SparkSession
2    from pyspark.sql.functions import \
3        from_json,split,col,count,current_timestamp
4    from pyspark.sql.types import StructType,StructField,StringType
```

上述代码中，第 1 行代码导入用于创建和配置 Spark 程序的类 SparkSession。第 2、3 行代码导入函数 from_json、split、col、count 和 current_timestamp。第 4 行代码导入用于定义数据结构的类 StructType，定义数据结构中字段的类 StructField，以及定义字段类型为字符串的类 StringType。

（2）创建 SparkSession 对象的同时启用 Hive 支持，以便 Spark 程序与 Hive 进行交互。在 city_sale_counts.py 文件中添加如下代码。

```
1    spark = SparkSession.builder \
2        .appName("city_sale") \
3        .config("hive.metastore.uris", "thrift://spark01:9083") \
4        .enableHiveSupport() \
5        .getOrCreate()
```

（3）从 Kafka 的主题 user_behavior_topic 消费用户行为数据。在 city_sale_counts.py 文件中添加如下代码。

```
1    #指定 Kafka 的主题
2    kafka_topic = "user_behavior_topic"
```

```
3    #指定 Kafka 集群的地址
4    kafka_bootstrap_servers = "spark01:9092,spark02:9092,spark03:9092"
5    user_behavior = spark \
6        .readStream \
7        .format("kafka") \
8        .option("kafka.bootstrap.servers", kafka_bootstrap_servers) \
9        .option("subscribe", kafka_topic) \
10       .option("startingOffsets", "earliest") \
11       .load()
```

上述代码中，参数 startingOffsets 用于指定 Spark 程序从主题 user_behavior_topic 消费数据的起始位置。当参数值为 earliest 时，表示从主题 user_behavior_topic 中最早的偏移量开始消费，即包括 Spark 程序启动之前已存在的数据。若希望仅消费 Spark 程序启动之后产生的新数据，可将参数值修改为 latest，表示从最新的偏移量开始消费。

（4）将用户行为数据解析为 DataFrame。在 city_sale_counts.py 文件中添加如下代码。

```
1    schema = StructType([
2        StructField("behavior_info", StructType([
3            StructField("behavior_type", StringType()),
4            StructField("location", StringType())
5        ]))
6    ])
7    user_behavior_json = user_behavior \
8                    .selectExpr("CAST(value AS STRING) as json_data") \
9                    .select(from_json("json_data", schema).alias("data"))
```

上述代码中，第 1～6 行代码定义了一个数据结构，用于描述从用户行为数据中提取的信息。该结构包含一个名为 behavior_info 的结构体字段，其中包含两个字符串类型的字段 behavior_type 和 location，分别表示从用户行为数据中提取用户行为类型和地理位置信息。

第 7～9 行代码根据定义的数据结构解析 JSON 格式的用户行为数据，并生成一个 DataFrame 对象 user_behavior_json，该对象通过名为 data 的结构体字段，存储从用户行为数据中提取的用户行为类型和地理位置信息。

（5）从地理位置信息中提取城市信息，并过滤用户行为类型为购买的数据。在 city_sale_counts.py 文件中添加如下代码。

```
1    user_behavior_format = (
2        user_behavior_json
3        .select(
4            split("data.behavior_info.location",",")[1].alias("city"),
```

```
5              "data.behavior_info.behavior_type"
6          ).filter(col("behavior_type") == "purchase"))
```

上述代码生成了 DataFrame 对象 user_behavior_format，该对象包含字段 city 和
behavior_type，分别用于存储城市信息和用户行为类型。

（6）统计各城市商品销售情况。在 city_sale_counts.py 文件中添加如下代码。

```
1    result = user_behavior_format.groupBy("city") \
2             .agg(count("*").alias("sale_count")) \
3             .select(
4          col("city"),
5          col("sale_count"),
6          current_timestamp().alias("create_time")
7       )
```

上述代码，根据字段 city 对 DataFrame 对象 user_behavior_format 中的数据进行分
组聚合统计，并在统计结果中插入本地系统时间，作为记录统计结果生成的时间。

（7）将实时统计的各城市销售数据写入表 ads_sale_city_2024。在 city_sale_counts.py
文件中添加如下代码。

```
1    #指定表 ads_sale_city_2024 在 HDFS 存储数据的目录
2    table_location = '/user_behavior/ads/ads_sale_city_2024'
3    def write_to_hive(micro_batch_df, batch_id):
4        micro_batch_df.write \
5        .format("hive") \
6        .mode("append") \
7        .option('path', table_location) \
8        .saveAsTable("user_behavior_db.ads_sale_city_2024")
9    query = result.writeStream.outputMode("update") \
10       .foreachBatch(write_to_hive) \
11       .option("checkpointLocation", "/spark/checkpoint/dir") \
12       .trigger(processingTime="60 seconds") \
13       .start() \
14       .awaitTermination()
```

上述代码中，第 3～8 行代码定义了一个名为 write_to_hive 的函数，用于将数据流中
每个微批次（micro-batch）的 DataFrame 以追加模式写入表 ads_sale_city_2024。该函数
接收两个参数 micro_batch_df 和 batch_id，其中 micro_batch_df 表示当前微批次的
DataFrame；batch_id 表示当前微批次的唯一标识。这两个参数由 Spark 程序自动传递给
函数。

第 9～14 行代码定义了一个 Structured Streaming 流式查询，通过更新模式处理
result 中发生变化的数据。在流式查询中使用 foreachBatch 算子将每个微批次的

DataFrame 传递给 write_to_hive 函数进行处理。其中,第 11 行代码在 option()方法中通过参数 checkpointLocation 指定检查点目录,用于记录流式查询的进度,以便在故障时恢复。在 YARN 集群上运行时,该目录会在 HDFS 中自动创建。第 12 行代码通过 trigger()方法设置触发器为每 60 秒处理一次微批次的 DataFrame。

3. 添加依赖

将 Spark 程序从 Kafka 读取数据时,所依赖的 jar 文件 spark-sql-kafka-0-10_2.12-3.4.3.jar、kafka-clients-3.6.2.jar、spark-token-provider-kafka-0-10_2.12-3.4.3.jar 和 commons-pool2-2.12.0.jar,上传到虚拟机 Spark02 中 Spark 安装目录的 jars 目录中。

4. 启动集群环境

依次启动集群环境中的 ZooKeeper 集群、Kafka 集群、HDFS 集群、YARN 集群和 MetaStore 服务。

5. 执行 Python 文件

在虚拟机 Spark03 中执行 Python 文件 generate_user_data_real.py,向 Kafka 的主题 user_behavior_topic 写入实时用户行为数据,具体命令如下。

```
python /export/servers/generate_user_data_real.py
```

6. 启动 Flume

在 Tabby 中创建一个虚拟机 Spark03 的新操作窗口,用于启动 Flume,从/export/data/log/2024 目录中的日志文件 user_behaviors.log 里采集实时用户行为数据,具体命令如下。

```
flume-ng agent --name a2 --conf conf/ --conf-file \
/export/data/flume_conf/flume-logs-real.conf \
-Dflume.root.logger=INFO,console
```

7. 运行 Spark 程序

为了在 YARN 集群上运行 Spark 程序,需要将 city_sale_counts.py 文件上传到虚拟机 Spark02 的/export/servers 目录中。然后,将 city_sale_counts.py 文件中实现的 Spark 程序提交到 YARN 集群运行。在虚拟机 Spark02 执行如下命令。

```
spark-submit \
--master yarn \
--deploy-mode cluster \
--conf spark.yarn.submit.waitAppCompletion=false \
--driver-memory 512mb \
--executor-memory 512mb \
/export/servers/city_sale_counts.py
```

上述命令执行完成后可以通过访问 YARN Web UI 查看 Spark 程序的运行状态,若其状态为 FINISHED 并且最终状态为 SUCCEEDED 表示运行成功。

需要说明的是,上述命令中添加了参数--conf spark.yarn.submit.waitAppCompletion ＝false,使得 Spark 客户端在向 YARN 集群提交 Spark 程序后立即断开连接。由于上述提交的 Spark 程序是实时分析的,会持续运行,若不设置此参数,Spark 客户端将持续运行,占用虚拟机 Spark02 的资源。

8. 查看表 ads_sale_city_2024 的数据

由于地域分析是基于实时分析实现的,表 ads_sale_city_2024 中存储的数据会随着各城市销售情况的变化而动态更新,所以同一城市可能存在多个不同时间点的统计结果。

在运行地域分析的 Spark 程序时,集群环境中启动了大量服务。由于虚拟机设置的硬件资源有限,所以在查询表 ads_sale_city_2024 的数据时,应避免使用触发 MapReudce 任务的查询语句。这里通过查询表 ads_sale_city_2024 的前 10 行数据,以确认各城市的销售数据是否已成功插入。在 Hive 命令行界面执行如下命令。

```
hive> SELECT * FROM user_behavior_db.ads_sale_city_2024 LIMIT 10;
```

上述命令执行完成的效果如图 5-5 所示。

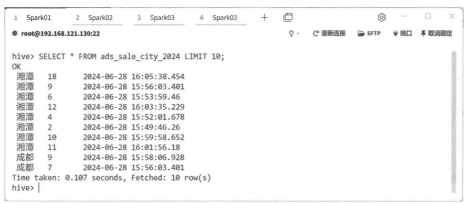

图 5-5　查询表 ads_sale_city_2024 中的数据

从图 5-5 可知,表 ads_sale_city_2024 前 10 行数据中,名为湘潭的城市有 8 条商品销售的统计结果。根据最新时间点的记录可以看出,名为湘潭的城市当前商品总销量为 18。

需要说明的是,由于本项目使用的历史用户行为数据和实时用户行为数据都是模拟生成的,所以分析结果不具备事实性。

小提示:如果要关闭地域分析的 Spark 程序,那么需要在虚拟机 Spark01、Spark02 或 Spark03 中通过执行 yarn 命令实现,具体语法格式如下。

```
yarn application -kill application_id
```

上述语法格式中 application_id 用于指定 Spark 程序的应用程序 ID,该 ID 可以通过 Spark 程序提交完成后客户端输出的信息获取,如图 5-6 所示。

从图 5-6 可以看出,Spark 程序的应用程序 ID 为 application_1719819452278_0003。

图 5-6　客户端输出的信息

5.6　本章小结

本章主要讲解了数据分析的相关内容。首先，分别介绍了流量分析、商品分析和设备分析。然后，介绍了推荐系统。最后，介绍了地域分析。通过本章的学习，使读者可以掌握利用 Spark 解决实际大数据分析问题的技巧。

第 6 章

数据可视化

学习目标

- 熟悉 Doris 集成 Hive,能够使用 Doris 查询 Hive 的数据。
- 了解 FineBI 的安装与配置,能够基于 Windows 操作系统安装 FineBI,并配置其管理员账号和数据连接。
- 掌握数据可视化的实现,能够使用 FineBI 通过 Doris 从 Hive 读取数据并对其进行可视化。

在我们的日常生活中,数据无处不在。从社交媒体的互动记录,到企业的经营数据,再到政府的统计报告,数据已经成为我们生活的一部分。然而,理解和解释这些数据并不总是那么容易。因此,数据可视化变得非常重要。数据可视化是一种将复杂数据转换为直观和易于解释的视觉形式的方法,它通过利用图形、图表和其他可视化元素来呈现数据的模式、趋势和关系。本章详细介绍如何使用 FineBI 对数据分析的结果进行可视化展示。

6.1 Doris 集成 Hive

Hive 是基于 Hadoop 的数据仓库工具,擅长处理大规模的离线批处理任务,但在实时查询和交互式分析方面表现较弱。而 Doris 是一款 MPP 架构的分析型数据库,具备高并发、低延迟的特性,更适合处理实时查询和交互式分析。通过集成 Hive,Doris 可以直接连接 Hive 的 MetaStore 服务,自动获取 Hive 的数据库、表等元数据信息,无须进行额外的数据导入。这种集成方式简化了数据管理流程,使 Doris 能够直接查询 Hive 中的数据,大幅提升查询性能,满足 FineBI 对快速响应的查询需求。

接下来演示如何实现 Doris 集成 Hive,具体操作步骤如下。

1. 复制配置文件

将 Hadoop 的配置文件 core-site.xml 和 hdfs-site.xml,以及 Hive 的配置文件 hive-site.xml 复制到虚拟机 Spark01 的/export/servers/doris-2.0.9/fe/conf 目录中,以及虚拟机 Spark02 和 Spark03 的/export/servers/doris-2.0.9/be/conf 目录中,具体实现过程如下。

(1) 将配置文件 core-site.xml 和 hdfs-site.xml 复制到虚拟机 Spark01 的/export

/servers/doris-2.0.9/fe/conf 目录中,在虚拟机 Spark01 中执行如下命令。

```
cp /export/servers/hadoop-3.3.6/etc/hadoop/{core-site.xml,hdfs-site.xml} \
/export/servers/doris-2.0.9/fe/conf/
```

(2) 将配置文件 core-site.xml 和 hdfs-site.xml 复制到虚拟机 Spark02 的/export/servers/doris-2.0.9/be/conf 目录中,在虚拟机 Spark02 中执行如下命令。

```
cp /export/servers/hadoop-3.3.6/etc/hadoop/{core-site.xml,hdfs-site.xml} \
/export/servers/doris-2.0.9/be/conf/
```

(3) 将配置文件 core-site.xml 和 hdfs-site.xml 复制到虚拟机 Spark03 的/export/servers/doris-2.0.9/be/conf 目录中,在虚拟机 Spark03 中执行如下命令。

```
cp /export/servers/hadoop-3.3.6/etc/hadoop/{core-site.xml,hdfs-site.xml} \
/export/servers/doris-2.0.9/be/conf/
```

(4) 将配置文件 hive-site.xml 复制到虚拟机 Spark01 的/export/servers/doris-2.0.9/fe/conf 目录中,在虚拟机 Spark01 中执行如下命令。

```
cp /export/servers/hive-3.1.3/conf/hive-site.xml \
/export/servers/doris-2.0.9/fe/conf/
```

(5) 将配置文件 hive-site.xml 复制到虚拟机 Spark02 的/export/servers/doris-2.0.9/be/conf 目录中,在虚拟机 Spark01 中执行如下命令。

```
scp /export/servers/hive-3.1.3/conf/hive-site.xml \
spark02:/export/servers/doris-2.0.9/be/conf/
```

(6) 将配置文件 hive-site.xml 复制到虚拟机 Spark03 的/export/servers/doris-2.0.9/be/conf 目录中,在虚拟机 Spark01 中执行如下命令。

```
scp /export/servers/hive-3.1.3/conf/hive-site.xml \
spark03:/export/servers/doris-2.0.9/be/conf/
```

2. 启动 Doris 集群

首先,在虚拟机 Spark01 中启动 Frontend。在虚拟机 Spark01 的/export/servers/doris-2.0.9/fe 目录执行如下命令。

```
bin/start_fe.sh --daemon
```

然后,在虚拟机 Spark02 和 Spark03 中启动 Backend。分别在虚拟机 Spark02 和 Spark03 的/export/servers/doris-2.0.9/be 目录执行如下命令。

```
bin/start_be.sh --daemon
```

3. 启动 MetaStore 服务

确保 HDFS 集群和 MySQL 服务处于启动状态下，在虚拟机 Spark01 中启动 MetaStore 服务，具体命令如下。

```
nohup hive --service metastore > /export/data/metastore.log 2>&1 &
```

需要说明的是，为了优化资源利用，在进行 Doris 集成 Hive 的操作时，可以选择仅启动集群环境中的 HDFS 集群、Doris 集群和 MetaStore 服务。

4. 创建 Catalog

在 Doris 中，通过创建 Catalog，用户可以方便地连接和管理各种外部数据源，如 Hive、Iceberg、Hudi 等，从而实现跨数据源的查询。接下来演示如何在 Doris 中创建 Catalog，以实现查询 Hive 中的数据。在虚拟机 Spark01 中使用 MySQL 客户端连接 Frontend，在 Doris 命令行界面执行如下命令。

```
mysql> CREATE CATALOG IF NOT EXISTS hive PROPERTIES (
    -> 'type'='hms',
    -> 'hive.metastore.uris' = 'thrift://192.168.121.128:9083',
    -> 'hadoop.username' = 'root',
    -> 'metadata_refresh_interval_sec' = '300'
    -> );
```

上述命令中，参数 type 用于指定 Catalog 的类型，连接 Hive 时，参数值为 hms。参数 hive.metastore.uris 用于指定 MetaStore 服务的地址。参数 hadoop.username 用于指定访问 Hive 时使用的用户，该用户应具有 HDFS 的操作权限。参数 metadata_refresh_interval_sec 用于指定定时刷新 Hive 元数据的间隔时间(秒)。

5. 切换 Catalog

将当前会话使用的 Catalog 切换为 hive，在 Doris 命令行界面执行如下命令。

```
mysql> SWITCH hive;
```

上述命令执行完成后，后续将可以直接操作 Hive 中的数据库和表。若希望操作 Doris 中的数据库和表，则可以将当前会话使用的 Catalog 切换为 internal(Doris 内置的 Catalog)。

6. 查询表

在 Doris 中查询 Hive 数据库 user_behavior_db 的表 ads_sale_counts_2023 的数据，以验证 Doris 与 Hive 的集成是否成功。在 Doris 命令行界面执行如下命令。

```
mysql> SELECT * FROM user_behavior_db.ads_sale_counts_2023;
```

上述命令执行完成的效果如图 6-1 所示。

```
1 Spark01    2 Spark02    3 Spark03
● root@192.168.121.128:22        重新连接  SFTP  端口  取消固定

mysql> SELECT * FROM user_behavior_db.ads_sale_counts_2023;
+------------+-----------+------------+
| product_id | sale_type | sale_count |
+------------+-----------+------------+
|        178 | 1         |         11 |
|        198 | 1         |         11 |
|         23 | 1         |         12 |
|        205 | 1         |         13 |
|        102 | 1         |         13 |
|        213 | 1         |         13 |
|         82 | 1         |         13 |
|         61 | 1         |         14 |
|        228 | 1         |         14 |
|        123 | 1         |         14 |
|        269 | 0         |         37 |
|        231 | 0         |         37 |
|        130 | 0         |         34 |
|        124 | 0         |         34 |
|        104 | 0         |         34 |
|        134 | 0         |         34 |
|        152 | 0         |         33 |
|        192 | 0         |         32 |
|        223 | 0         |         32 |
|        285 | 0         |         32 |
+------------+-----------+------------+
20 rows in set (7.99 sec)

mysql>
```

图 6-1 查询表 ads_sale_counts_2023 的数据

从图 6-1 可以看出，在 Doris 中可以查询 Hive 数据库 user_behavior_db 的表 ads_sale_counts_2023 的数据，说明 Doris 成功与 Hive 集成。

小提示：如果在 Doris 定时刷新 Hive 元数据之前，希望立即更新 Hive 元数据，可以通过手动刷新来实现。例如，手动刷新名为 hive 的 Catalog，可以在 Doris 命令行界面执行如下命令。

```
mysql> REFRESH CATALOG hive PROPERTIES("invalid_cache" = "true");
```

多学一招：查看当前使用的 Catalog

为避免误操作，在操作数据库或表之前，建议确认当前使用的 Catalog 是否正确，读者可以在 Doris 命令行界面执行如下命令。

```
mysql> SELECT CURRENT_CATALOG();
```

上述命令执行完成的效果如图 6-2 所示。

从图 6-2 可以看出，当前使用的 Catalog 为 hive。

```
mysql> SELECT CURRENT_CATALOG();
+-------------------+
| current_catalog() |
+-------------------+
| hive              |
+-------------------+
1 row in set (0.07 sec)

mysql> |
```

图 6-2 查看当前使用的 Catalog

6.2 FineBI 的安装与配置

本项目基于 Windows 操作系统,使用 FineBI 6.0 个人试用版进行演示。读者可以访问 FineBI 官网注册并下载安装包。接下来对 FineBI 的安装与配置进行详细介绍。

1. 安装 FineBI

双击 FineBI 的安装包 windows-x64_FineBI6_0-CN.exe,进入"欢迎使用 FineBI 安装程序向导"界面,如图 6-3 所示。

图 6-3 "欢迎使用 FineBI 安装程序向导"界面

在图 6-3 中,单击"下一步"按钮进入"许可协议"界面,在该界面选中"我接受协议"单选按钮,如图 6-4 所示。

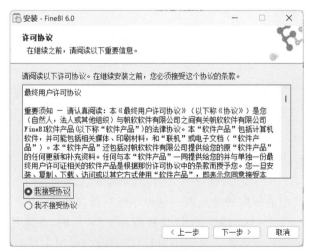

图 6-4 "许可协议"界面

在图 6-4 中,单击"下一步"按钮进入选择安装目录界面,在该界面的输入框内指定

FineBI 的安装目录。这里指定 FineBI 的安装目录为 D:\FineBI6.0，如图 6-5 所示。

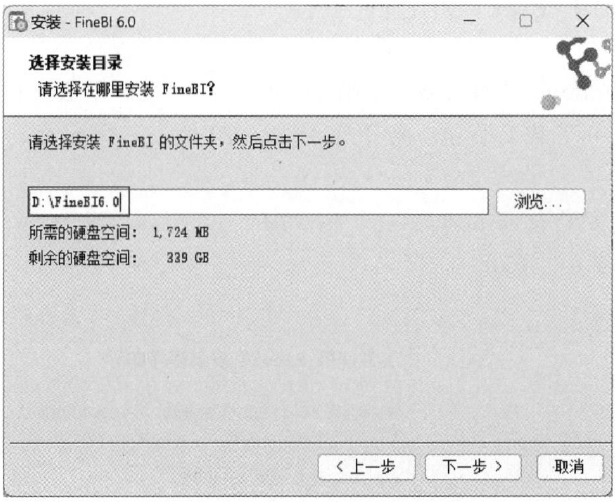

图 6-5　"选择安装目录"界面

在图 6-5 中，单击"下一步"按钮进入"设置最大内存"界面，在该界面的输入框内指定 FineBI 可以使用的最大内存。读者可以根据实际情况进行设置，但建议 FineBI 可以使用的最大内存不得低于 2048，即 2GB。这里指定 FineBI 可以使用的最大内存为 4096，即 4GB，如图 6-6 所示。

图 6-6　"设置最大内存"界面

在图 6-6 中，单击"下一步"按钮进入"选择开始菜单文件夹"界面，在该界面读者可以根据需求自行勾选或取消相应的复选框。这里不进行任何修改，如图 6-7 所示。

在图 6-7 中，单击"下一步"按钮进入"选择附加工作"界面，在该界面读者可以根据需求自行勾选或取消相应的复选框。这里不进行任何修改，如图 6-8 所示。

在图 6-8 中，单击"下一步"按钮进入"安装中"界面开始安装 FineBI，在该界面会显示 FineBI 的安装进度，如图 6-9 所示。

图 6-7　"选择开始菜单文件夹"界面

图 6-8　"选择附加工作"界面

图 6-9　"安装中"界面

FineBI 安装完成后，会进入"完成 FineBI 安装程序"界面，如图 6-10 所示。

图 6-10　"完成 FineBI 安装程序"界面

在图 6-10 中，默认勾选了"运行 FineBI"复选框，这意味着当用户单击"完成"按钮时，FineBI 将自动运行。如果读者不希望单击"完成"按钮后自动运行 FineBI，可以取消勾选"运行 FineBI"复选框，后续通过 FineBI 生成的快捷方式运行。这里直接在图 6-10 中单击"完成"按钮，此时 FineBI 将自动运行，并打开如图 6-11 所示对话框。

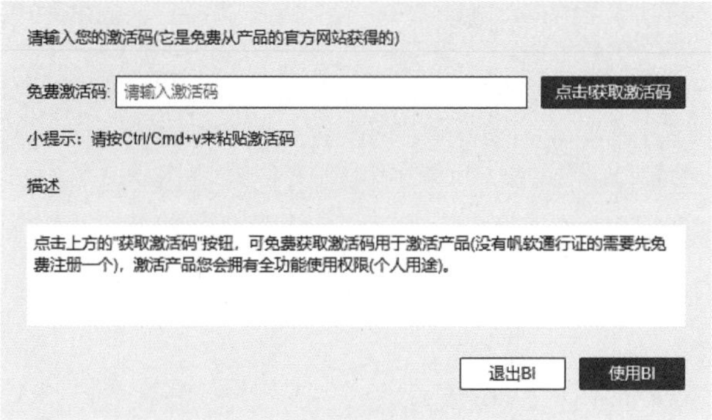

图 6-11　"请输入您的激活码"对话框

在图 6-11 所示的"免费激活码"输入框内填写激活码，该激活码需要读者访问 FineBI 官网通过注册来获取。激活码填写完成后，在图 6-11 中单击"使用 BI"按钮进入 FineBI 的加载界面，如图 6-12 所示。

FineBI 加载完成后，会在本地启动 FineBI 服务，如图 6-13 所示。

在图 6-13 中，可以通过单击服务器地址的 URL，在浏览器中访问 FineBI 平台来使用 FineBI。除此之外，还可以查看 FineBI 的日志信息。需要说明的是，若关闭 FineBI 服务，则 FineBI 将无法使用。

2. 配置 FineBI

在使用 FineBI 之前，用户需要进行初始化设置。此外，根据本项目需求，还需要配置数据连接，以便通过 Doris 获取存储在 Hive 中的分析结果。以下是对这两部分配置的详

图 6-12　FineBI 的加载界面

图 6-13　FineBI 服务

细介绍。

（1）初始化设置。

FineBI 的初始化设置主要包括设置管理员账号和设置存储数据的数据库,具体介绍如下。

① 设置管理员账号。在 FineBI 服务中,单击服务器地址的 URL,通过浏览器访问FineBI 平台。在初次访问 FineBI 平台时,默认会打开"请设置管理员账号"对话框,在该对话框设置管理员账号。这里设置管理员账号的用户名和密码分别为 itcast 和 123456,如图 6-14 所示。

图 6-14　设置管理员账号

在图 6-14 中单击"下一步"按钮完成管理员账号的设置,并进入"管理员账号设置成功"界面,在该界面会显示管理员账号的用户名和密码,如图 6-15 所示。

图 6-15　"管理员账号设置成功"界面

从图 6-15 可以看出,管理员账号的用户名和密码分别为 itcast 和 123456。

② 设置存储数据的数据库。在图 6-15 中,单击"下一步"按钮进入"请根据使用场景选择数据库"界面,如图 6-16 所示。

图 6-16　"请根据使用场景选择数据库"界面

在图 6-16 中,单击"直接登录"按钮,选择使用 FineBI 内置数据库来存储数据。此时会进入 FineBI 平台的登录界面,在该界面的输入框中分别输入管理员账号的用户名和密码,如图 6-17 所示。

在图 6-17 中单击"登录"按钮进入 FineBI 平台的主界面,如图 6-18 所示。

至此,便完成了 FineBI 初始化设置的相关操作。

(2) 配置数据连接。

在 FineBI 平台的主界面,依次单击"管理系统"→"数据连接"→"数据连接管理"选项

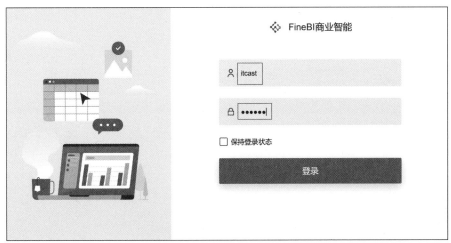

图 6-17　FineBI 平台的登录界面

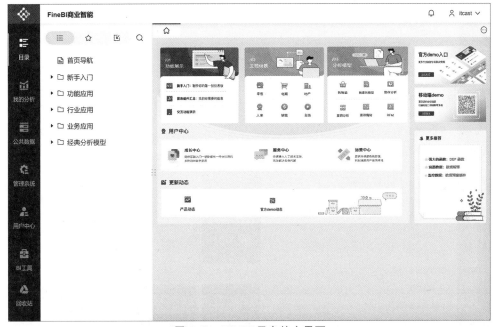

图 6-18　FineBI 平台的主界面

配置 FineBI 的数据连接，如图 6-19 所示。

在图 6-19 中，单击"新建数据连接"按钮，在弹出的界面选择"所有"选项，如图 6-20 所示。

在图 6-20 中，选择 Doris 选项，表示选择使用 Doris 作为数据源，并且设置数据连接的相关信息，如图 6-21 所示。

图 6-21 中设置数据连接相关信息的说明如下。

- 在"数据连接名称"输入框定义数据连接的名称为用户行为数据分析。
- 在"数据库名称"输入框指定连接名为 hive 的 Catalog 中的数据库 user_behavior_db。

图 6-19　配置 FineBI 的数据连接

图 6-20　使用 Doris 作为数据源

- 在"主机"输入框指定 Doris 中 Frontend 的 IP 地址为 192.168.121.128。
- 在"端口"输入框指定 Frontend 的 MySQL 服务端口为 9030。
- 在"用户名"输入框指定连接 Frontend 的用户为 root。
- 在"密码"输入框指定用户 root 的密码为 123456。

　　在图 6-21 中,单击"测试连接"按钮检查名称为用户行为数据分析的数据连接是否可以连接 Doris 的 Frontend,如图 6-22 所示。

　　从图 6-22 可以看出,名称为用户行为数据分析的数据连接成功连接 Doris 的

图 6-21　设置数据连接的相关信息

图 6-22　检查名称为用户行为数据分析的数据连接

Frontend。

在图 6-22 中,单击任意位置返回图 6-21 所示界面,在该界面中单击"保存"按钮保存名称为用户行为数据分析的数据连接。

至此,便完成了配置数据连接的相关操作。

6.3 实现数据可视化

本节讲解如何使用 FineBI 通过 Doris 从 Hive 读取数据,从而将本项目中各需求的分析结果进行可视化展示。

6.3.1 新建数据集

新建数据集的目的是在 FineBI 中获取要进行可视化展示的数据。在本项目中,需要从 Hive 的表 ads_visit_counts_2023、ads_sale_counts_2023、ads_device_counts_2023 和 ads_sale_city_2024 中读取数据,以获取有关流量分析、商品分析、设备分析和地域分析的分析结果。因此,需要确保集群环境中的 HDFS 集群、Doris 集群和 MetaStore 服务正常运行。

关于在 FineBI 中新建数据集的操作步骤如下。

1. 创建文件夹

在 FineBI 的公共数据界面中,创建一个文件夹,用于集中管理本项目的所有相关数据。具体操作步骤如下。

(1) 在 FineBI 平台的主界面单击"公共数据"图标进入"公共数据"界面,如图 6-23 所示。

图 6-23   "公共数据"界面(1)

(2) 在图 6-23 中,单击"新建文件夹"按钮并将文件夹重命名为"用户行为数据分析",如图 6-24 所示。

2. 获取表 ads_visit_counts_2023 的数据

在 FineBI 中通过 Doris 获取 Hive 表 ads_visit_counts_2023 的数据,具体操作步骤如下。

(1) 在图 6-24 中,将鼠标移动至用户行为数据分析文件夹,单击该文件夹后方显示的 **+** 按钮,在弹出的菜单中选择"SQL 数据集"选项,表示通过 SQL 语句获取指定表的数

图 6-24　"公共数据"界面(2)

据,如图 6-25 所示。

图 6-25　"公共数据"界面(3)

(2) 完成图 6-25 所示的操作后,进入指定 SQL 语句的界面,在该界面的"表名"输入框中指定表的名称为 ads_visit_counts_2023,并在"SQL 语句"文本框内输入查询表 ads_visit_counts_2023 所有数据的 SQL 语句,具体内容如下。

```
SELECT * FROM ads_visit_counts_2023
```

指定 SQL 语句的界面配置完成的效果如图 6-26 所示。

(3) 在图 6-26 中,单击"预览"按钮,通过执行 SQL 语句查询表 ads_visit_counts_2023 中的数据,如图 6-27 所示。

图 6-27 中展示了表 ads_visit_counts_2023 的部分数据,这些数据为流量分析的结果,说明在 FineBI 中通过 Doris 成功获取 Hive 中表 ads_visit_counts_2023 的数据。在

图 6-26   指定 SQL 语句的界面配置完成的效果

图 6-27   查询表 ads_visit_counts_2023 中的数据

图 6-27 中,单击"确定"按钮保存配置。

3. 获取表 ads_sale_counts_2023 的数据

在 FineBI 中通过 Doris 获取 Hive 表 ads_sale_counts_2023 的数据的具体操作步骤如下。

(1) 在图 6-24 中,将鼠标移动至用户行为数据分析文件夹,单击该文件夹后方显示的➕按钮,在弹出的菜单中选择"SQL 数据集"选项,进入指定 SQL 语句的界面,在该界面的"表名"输入框中指定表的名称为 ads_sale_counts_2023,并在"SQL 语句"文本框内输入查询表 ads_sale_counts_2023 所有数据的 SQL 语句,具体内容如下。

```
SELECT * FROM ads_sale_counts_2023
```

指定 SQL 语句的界面配置完成的效果如图 6-28 所示。

(2) 在图 6-28 中,单击"预览"按钮,通过执行 SQL 语句查询表 ads_sale_counts_2023 中的数据,如图 6-29 所示。

在图 6-29 中展示了表 ads_sale_counts_2023 的部分数据,这些数据为商品分析的结果,说明在 FineBI 中通过 Doris 成功获取 Hive 中表 ads_sale_counts_2023 的数据。在

图 6-28 获取表 ads_sale_counts_2023 的数据

图 6-29 查询表 ads_sale_counts_2023 中的数据

图 6-29 中,单击"确定"按钮保存配置。

4. 获取表 ads_device_counts_2023 的数据

在 FineBI 中通过 Doris 获取 Hive 表 ads_device_counts_2023 的数据,具体操作步骤如下。

(1)在图 6-24 中,将鼠标移动至用户行为数据分析文件夹,单击该文件夹后方显示的╋按钮,在弹出的菜单中选择"SQL 数据集"选项,进入指定 SQL 语句的界面,在该界面的"表名"输入框中指定表的名称为 ads_device_counts_2023,并在"SQL 语句"文本框内输入查询表 ads_device_counts_2023 所有数据的 SQL 语句,具体内容如下。

```
SELECT * FROM ads_device_counts_2023
```

指定 SQL 语句的界面配置完成的效果如图 6-30 所示。

(2)在图 6-30 中,单击"预览"按钮,通过执行 SQL 语句查询表 ads_device_counts_2023 中的数据,如图 6-31 所示。

在图 6-31 中展示了表 ads_device_counts_2023 的部分数据,这些数据为设备分析的

图 6-30　获取表 ads_device_counts_2023 的数据

图 6-31　查询表 ads_device_counts_2023 的数据

结果,说明在 FineBI 中通过 Doris 成功获取 Hive 中表 ads_device_counts_2023 的数据。在图 6-31 中,单击"确定"按钮保存配置。

　　5. 获取表 ads_sale_city_2024 的数据

　　在 FineBI 中通过 Doris 获取 Hive 表 ads_sale_city_2024 的数据,具体操作步骤如下。

　　(1) 在图 6-24 中,将鼠标移动至用户行为数据分析文件夹,单击该文件夹后方显示的 **+** 按钮,在弹出的菜单中选择"SQL 数据集"选项,进入指定 SQL 语句的界面,在该界面的"表名"输入框中指定表的名称为 ads_sale_city_2024,并在"SQL 语句"文本框内输入获取每个城市最新销售数据的 SQL 语句,具体内容如下。

```
SELECT city,MAX(sale_count) AS counts FROM ads_sale_city_2024 GROUP BY city
```

　　上述 SQL 语句通过对城市进行分组,并获取每组数据的最大值来获取每个城市最新的销售数据。指定 SQL 语句的界面配置完成的效果如图 6-32 所示。

图 6-32　获取表 ads_sale_city_2024 的数据

（2）在图 6-32 中，单击"预览"按钮，通过执行 SQL 语句查询表 ads_sale_city_2024 中的数据，如图 6-33 所示。

图 6-33　查询表 ads_sale_city_2024 中的数据

在图 6-33 中展示了表 ads_sale_city_2024 的部分数据，这些数据为地域分析的结果，说明在 FineBI 中通过 Doris 成功获取 Hive 中表 ads_sale_city_2024 的数据。在图 6-33 中，单击"确定"按钮保存配置。

6．更新数据

在图 6-24 中，将鼠标移动至用户行为数据分析文件夹，单击该文件夹后方显示的 ⋮ 按钮，在弹出的菜单中选择"文件夹更新"选项，打开"用户行为数据分析更新设置"对话框，如图 6-34 所示。

在图 6-34 中，单击"立即更新该文件夹"按钮，当出现"当前表信息已刷新"的提示信息，说明成功获取用户行为数据分析文件夹中所有表的数据。然后，在图 6-34 中单击"确定"按钮即可在公共界面中查看表的最新数据。

需要说明的是，用户行为数据分析文件夹中所有表的数据更新完成后，FineBI 会将

图 6-34 "用户行为数据分析更新设置"对话框

这些表的数据存储在内置的数据库中。因此,读者可以关闭或挂起虚拟机 Spark01、Spark02 和 Spark03。

至此,完成了新建数据集的相关操作。

6.3.2 实现流量分析的可视化

本项目选取流量分析中日期、月份和季度 3 个关键维度的分析结果,利用 FineBI 进行多维度可视化展示,其中日期维度采用分区折线图展示每日流量的波动趋势;月份维度采用分区柱状图对比不同月份的流量差异;季度维度采用饼图呈现各季度流量占比。实现流量分析可视化的操作步骤如下。

1. 创建分析主题

在 FineBI 中,分析主题是进行数据分析的核心工作区,它将与特定分析目标相关的数据集、组件和仪表板集中组织,为用户提供一个完整、便捷的数据分析环境。接下来演示如何在 FineBI 中创建分析主题,用于展示流量分析的结果,具体操作步骤如下。

(1) 在 FineBI 平台的主界面单击"我的分析"图标进入"我的分析"界面,如图 6-35所示。

图 6-35 "我的分析"界面(1)

（2）在图 6-35 中，将鼠标移动至"全部分析"选项，单击该选项后方显示的 ➕ 按钮，在弹出的菜单中选择"文件夹"选项，创建用于集中存放本项目相关分析主题的文件夹，并重命名为"用户行为数据分析"，如图 6-36 所示。

图 6-36　"我的分析"界面（2）

（3）在图 6-36 中，将鼠标移动至用户行为数据分析文件夹，单击该文件夹后方显示的 ➕ 按钮，在弹出的菜单中选择"分析主题"选项新建分析主题。此时，浏览器会跳转到"分析主题"窗口，并弹出"选择数据"对话框，在该对话框中选择用户行为数据分析文件夹中的表 ads_visit_counts_2023，指定当前分析主题使用的数据，如图 6-37 所示。

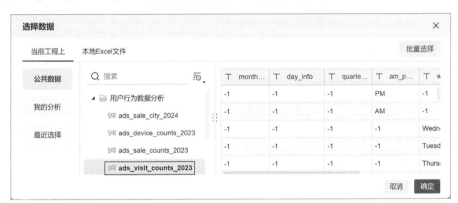

图 6-37　"选择数据"对话框（1）

（4）在图 6-37 中单击"确定"按钮进入分析主题界面，如图 6-38 所示。

图 6-38　分析主题界面（1）

在图 6-38 中,单击左上角分析主题后方的 ⋮ 按钮,在弹出的菜单中选择"重命名"选项,将当前分析主题重命名为"流量分析"。

2. 拆分数据

将表 ads_visit_counts_2023 中的数据按照日期、月份和季度 3 个维度进行拆分,以便分别对这 3 个维度下的流量分析结果进行可视化展示,具体操作步骤如下。

(1) 将表 ads_visit_counts_2023 中的数据按照日期维度进行拆分。实现过程如下。

① 在图 6-38 中,将鼠标移动至表 ads_visit_counts_2023,单击该表后方显示的 ⋮ 按钮,在弹出的菜单中选择"创建数据集"选项来基于表 ads_visit_counts_2023 创建一个新的数据集,如图 6-39 所示。

图 6-39　新建数据集(1)

在图 6-39 中,新建数据集的结构和数据与表 ads_visit_counts_2023 中一致。

② 为新建数据集添加过滤条件,以获取日期维度的分析结果,操作步骤如下。

• 在图 6-39 中,选择新建数据集后,单击"过滤"按钮。

• 单击"添加条件(且)"按钮。

• 单击"请选择字段"按钮,在弹出的菜单中选择 group_type 选项,表示根据字段 group_type 的值进行过滤。

• 单击"无限制"下拉框,在弹出的菜单中勾选 1 复选框,表示筛选出字段 group_type 值为 1 的数据。

过滤条件添加完成后的效果如图 6-40 所示。

图 6-40　过滤条件添加完成后的效果(1)

③ 设置新建数据集中选取的字段,操作步骤如下。

• 在图 6-40 中,选择新建数据集后,单击"字段设置"按钮。

• 在显示的所有复选框中,仅勾选 day_info 和 visit_count 复选框,表示选取新建数据集中的字段 day_info 和 visit_count。

字段设置完成后的效果如图 6-41 所示。

图 6-41　字段设置完成后的效果（1）

在图 6-41 中，单击"保存并更新"按钮将过滤条件和字段设置应用到新建数据集。

④ 在图 6-41 中，单击新建数据集后方的 : 按钮，在弹出的菜单中选择"重命名"选项，将新建数据集重命名为"日期"，如图 6-42 所示。

至此，便完成了将表 ads_visit_counts_2023 中的数据按照日期维度进行拆分的操作。

（2）将表 ads_visit_counts_2023 中的数据按照月份维度进行拆分。

实现过程如下。

① 在图 6-42 中，将鼠标移动至表 ads_visit_counts_2023，单击该表后方显示的 : 按钮，在弹出的菜单中选择"创建数据集"选项，基于表 ads_visit_counts_2023 创建一个新的数据集。

图 6-42　将新建数据集重命名为"日期"

② 为新建数据集添加过滤条件，以获取月份维度的分析结果，过滤条件添加完成后的效果如图 6-43 所示。

图 6-43　过滤条件添加完成后的效果（2）

③ 设置新建数据集中选取的字段，字段设置完成后的效果如图 6-44 所示。

图 6-44　字段设置完成后的效果（2）

在图 6-44 中，单击"保存并更新"按钮将过滤条件和字段设置应用到新建数据集。

④ 在图 6-44 中，单击新建数据集后方的 ⋮ 按钮，在弹出的菜单中选择"重命名"选项，将新建数据集重命名为"月份"，如图 6-45 所示。

至此，便完成了将表 ads_visit_counts_2023 中的数据按照月份维度进行拆分的操作。

（3）将表 ads_visit_counts_2023 中的数据按照季度维度进行拆分。

实现过程如下。

图 6-45　将新建数据集重命名为"月份"

① 在图 6-45 中，将鼠标移动至表 ads_visit_counts_2023，单击该表后方显示的 ⋮ 按钮，在弹出的菜单中选择"创建数据集"选项，基于表 ads_visit_counts_2023 创建一个新的数据集。

② 为新建数据集添加过滤条件，以获取季度维度的分析结果，过滤条件添加完成后的效果如图 6-46 所示。

图 6-46　过滤条件添加完成后的效果（3）

③ 设置新建数据集中选取的字段，字段设置完成后的效果如图 6-47 所示。

图 6-47　字段设置完成后的效果（3）

在图 6-47 中，单击"保存并更新"按钮将过滤条件和字段设置应用到新建数据集。

④ 在图 6-47 中，单击新建数据集后方的 ⋮ 按钮，在弹出的菜单中选择"重命名"选项，将新建数据集重命名为"季度"，如图 6-48 所示。

至此，便完成了将表 ads_visit_counts_2023 中的数据按照季度维度进行拆分的操作。

3. 配置组件

在 FineBI 中，组件是数据可视化的基本单元，用于以图表、表格或其他视觉形式展示数据。在实现流量分析的可视化时，需要在名为"流量分析"的分析主题中通过 3 个组件，

图 6-48 将新建数据集重命名为"季度"

分别对日期、月份和季度 3 个维度的分析结果进行可视化,具体操作步骤如下。

(1) 对日期维度的分析结果进行可视化。

实现过程如下。

① 在图 6-48 中,单击窗口底部的"组件"选项卡,在该选项卡中选择"图表类型"部分的"分区折线图"选项,如图 6-49 所示。

图 6-49 对日期维度的分析结果进行可视化(1)

② 在图 6-49 中,展开左侧的"日期"折叠框,分别将字段 day_info 和 visit_count 拖动到"横轴"和"纵轴"输入框,如图 6-50 所示。

从图 6-50 可以看出,在"组件"部分的分区折线图中,展示了日期维度的流量分析结果。当鼠标移动至分区折线图中线条的任意位置时,会显示相应日期的详细信息。需要说明的是,由于日期的条目较多,所以在分区折线图的横轴中并不会显示每个日期。

③ 优化分区折线图,将图例的名称调整为实际的含义,以提升图表的可解释性。在图 6-50 中,将鼠标移动到"纵轴"输入框中的字段 visit_count,单击该字段后方显示的 ▼

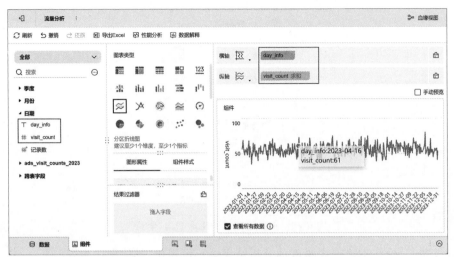

图 6-50　对日期维度的分析结果进行可视化(2)

按钮,在弹出的菜单中选择"设置显示名"选项,如图 6-51 所示。

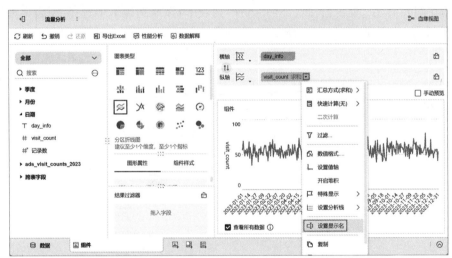

图 6-51　对日期维度的分析结果进行可视化(3)

完成图 6-51 中的操作后,将"纵轴"输入框中字段 visit_count 的名称修改为访问量。用相同方法将"横轴"输入框中字段 day_info 的名称修改为日期。

④ 分区折线图优化完成后,再次将鼠标移动至分区折线图中线条任意位置的效果如图 6-52 所示。

从图 6-52 可以看出,分区折线图中图例的名称已经由字段名修改为相应的含义。

⑤ 在图 6-52 中,将鼠标移动至"组件"选项卡,单击该选项卡后方显示的 ⋮ 按钮,在弹出的菜单中选择"重命名"选项,将组件的名称修改为日期,如图 6-53 所示。

至此,便完成了对日期维度的分析结果进行可视化的操作。

(2) 对月份维度的分析结果进行可视化。

实现过程如下。

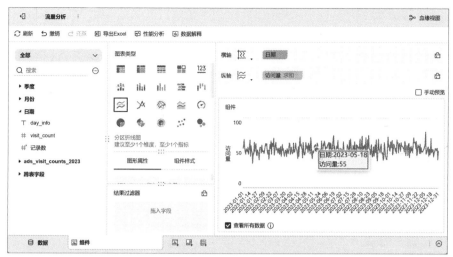

图 6-52　对日期维度的分析结果进行可视化(4)

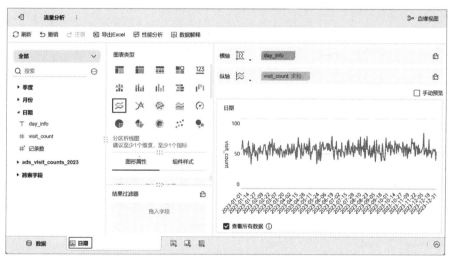

图 6-53　对日期维度的分析结果进行可视化(5)

① 在图 6-53 中,单击窗口底部的 按钮添加新的组件,在新添加的组件中选择"图表类型"部分的"分区柱状图"选项,如图 6-54 所示。

② 在图 6-54 中,展开左侧的"月份"折叠框,分别将字段 month_info 和 visit_count 拖动到"横轴"和"纵轴"输入框,如图 6-55 所示。

从图 6-55 可以看出,在"组件"部分的分区柱状图中展示了月份维度的流量分析结果。当鼠标移动至分区柱状图中的任意柱条时,会显示该柱条的详细信息。

需要说明的是,由于字段 month_info 的数据类型为文本类型,所以分区柱状图的横轴显示的月份并不会按照顺序排列,读者可以将鼠标移动至"横轴"输入框中的字段 month_info,单击该字段后方显示的 按钮,在弹出的菜单中选择"自定义排序"选项,在弹出的对话框中通过拖动相应条目的位置调整横轴中月份的先后顺序。

③ 优化分区柱状图,将图例的名称调整为实际的含义,以提升图表的可解释性。在

图 6-54　对月份维度的分析结果进行可视化（1）

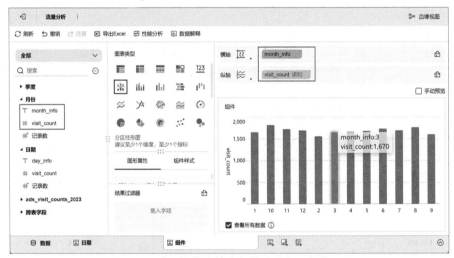

图 6-55　对月份维度的分析结果进行可视化（2）

图 6-55 中，分别将"横轴"和"纵轴"输入框中的字段 month_info 和 visit_count 的名称修改为"月份"和"访问量"，如图 6-56 所示。

从图 6-56 可以看出，分区柱状图中图例的名称已经由字段名修改为相应的含义。

④ 在图 6-56 中，将鼠标移动至"组件"选项卡，单击该选项卡后方显示的 ⫶ 按钮，在弹出的菜单中选择"重命名"选项，将组件的名称修改为"月份"。至此，便完成了对月份维度的分析结果进行可视化的操作。

（3）对季度维度的分析结果进行可视化。

实现过程如下。

① 在图 6-56 中，单击窗口底部的 ▦ 按钮添加新的组件，在新添加的组件中选择"图表类型"部分的"饼图"选项，如图 6-57 所示。

② 在图 6-57 中，展开左侧的"季度"折叠框，分别将字段 quarter_info 和 visit_count

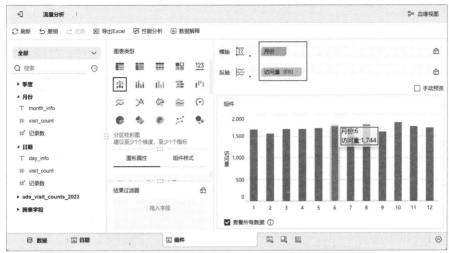

图 6-56 对月份维度的分析结果进行可视化(3)

图 6-57 对季度维度的分析结果进行可视化(1)

拖动到"颜色"和"角度"输入框,如图 6-58 所示。

从图 6-58 可以看出,在"组件"部分的饼图中,展示了季度维度的流量分析结果。当鼠标移动至饼图中的任意扇区时,会显示该扇区的详细信息。

③ 优化饼图,将图例的名称调整为实际的含义,以提升图表的可解释性。在图 6-58 中,分别将"颜色"和"角度"输入框中的字段 quarter_info 和 visit_count 的名称修改为"季度"和"访问量",如图 6-59 所示。

从图 6-59 可以看出,饼图中图例的名称已经由字段名修改为相应的含义。

④ 在图 6-59 中,将鼠标移动至"组件"选项卡,单击该选项卡后方显示的 ⁝ 按钮,在

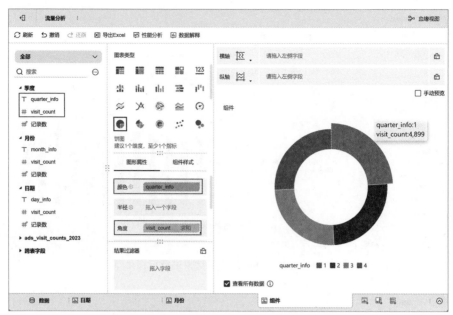

图 6-58　对季度维度的分析结果进行可视化（2）

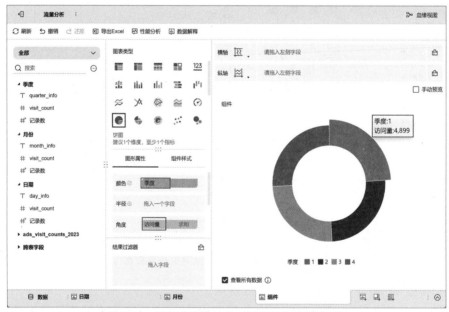

图 6-59　对季度维度的分析结果进行可视化（3）

弹出的菜单中选择"重命名"选项，将组件的名称修改为"季度"。至此，便完成了对季度维度的分析结果进行可视化的操作。

4. 添加仪表板

在 FineBI 中，仪表板用于将当前分析主题中的组件组合在一起，从而在一个界面展示不同组件中的可视化元素。在图 6-59 中，单击窗口底部的 按钮添加仪表板，如图 6-60

所示。

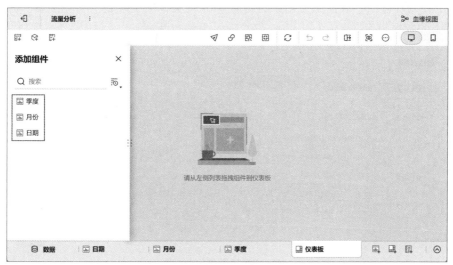

图 6-60　仪表板

在图 6-60 中,将仪表板左侧的组件依次拖动到右侧合适的位置,从而向仪表板添加组件,如图 6-61 所示。

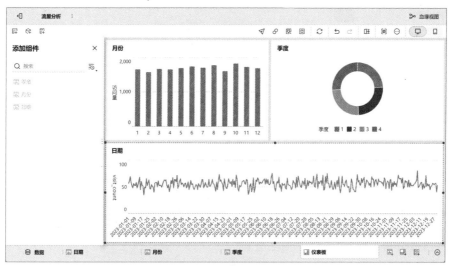

图 6-61　向仪表板添加组件

在图 6-61 中,可以对组件的大小和位置进行调整。至此,便完成了实现流量分析的可视化。

6.3.3　实现商品分析的可视化

本项目采用 FineBI 中的分区柱状图实现商品分析的可视化,具体操作步骤如下。

1. 创建分析主题

为了区分不同分析结果的可视化效果,这里创建一个新的分析主题,用于展示商品分析的结果,具体操作步骤如下。

(1) 在"我的分析"界面中的用户行为数据分析文件夹下创建分析主题,指定该分析主题使用的数据为表 ads_sale_counts_2023,如图 6-62 所示。

图 6-62 "选择数据"对话框(2)

(2) 在图 6-62 中单击"确定"按钮进入"分析主题"界面,如图 6-63 所示。

图 6-63 "分析主题"界面(2)

在图 6-63 中,单击左上角"分析主题"后方的 ⋮ 按钮,在弹出的菜单中选择"重命名"选项,将当前分析主题重命名为"商品分析"。

2. 为数据添加标签

根据字段 sale_type 的值为表 ads_sale_counts_2023 中的数据添加标签,具体规则如下。

- 当字段 sale_type 的值为 1 时添加标签滞销品。
- 当字段 sale_type 的值为 0 时添加标签畅销品。

接下来演示如何为表 ads_sale_counts_2023 中的数据添加标签,操作步骤如下。

(1) 在图 6-63 中,单击"条件标签列"按钮打开"条件标签列"对话框,如图 6-64 所示。

(2) 在图 6-64 中,单击"添加条件(且)"按钮,如图 6-65 所示。

图 6-64　"条件标签列"对话框(1)

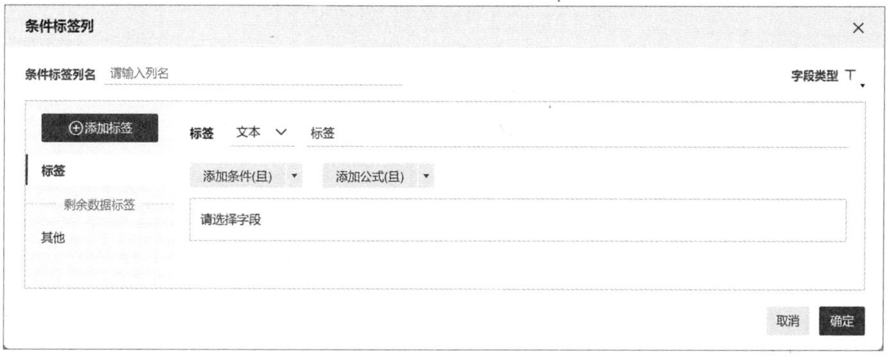

图 6-65　"条件标签列"对话框(2)

（3）在图 6-65 中，单击"请选择字段"选项，在弹出的菜单中选择 sale_type 选项，表示根据字段 sale_type 的值添加标签，如图 6-66 所示。

图 6-66　"条件标签列"对话框(3)

（4）在图 6-66 中，勾选"无限制"下拉框中的 0 复选框，并且在"标签"输入框内填写畅销品，表示字段 sale_type 的值为 0 时添加标签畅销品，如图 6-67 所示。

（5）在图 6-67 中，单击"添加标签"按钮之后参考上述第（2）～（4）步的操作，指定字段 sale_type 的值为 1 时添加标签滞销品，如图 6-68 所示。

（6）在图 6-68 的"条件标签列名"输入框内填写存储标签的字段为 sale_type_str，如图 6-69 所示。

图 6-67　"条件标签列"对话框（4）

图 6-68　"条件标签列"对话框（5）

图 6-69　"条件标签列"对话框（6）

（7）在图 6-69 中单击"确定"按钮返回"商品分析"界面，如图 6-70 所示。

在图 6-70 中单击"保存并更新"按钮为表 ads_sale_counts_2023 中的数据添加标签。

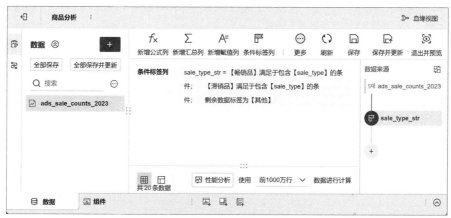

图 6-70　"商品分析"界面

3. 配置组件

在 FineBI 中通过配置组件对商品分析的结果进行可视化,具体操作步骤如下。

(1) 在图 6-70 中,单击窗口底部的"组件"选项卡,在该选项卡中选择"图表类型"部分的"分区柱状图"选项,如图 6-71 所示。

图 6-71　对商品分析的结果进行可视化(1)

(2) 由于表 ads_sale_counts_2023 中的字段 product_id 为数值类型,在 FineBI 的组件中默认被视为指标字段,用于度量和计算。然而,对商品分析的结果进行可视化时,字段 product_id 实际用于区分不同商品,所以需要将其转换为维度字段。

在图 6-71 中,将鼠标移动至字段 product_id,单击该字段后方显示的▼按钮,在弹出的菜单中选择"转化为维度"选项。当字段 product_id 前方的图标♯由绿色变更为紫色时,说明字段 product_id 成功转换为维度字段。

(3) 在图 6-71 中,将字段 sale_type_str 和 product_id 拖动到"横轴"输入框,如图 6-72 所示。

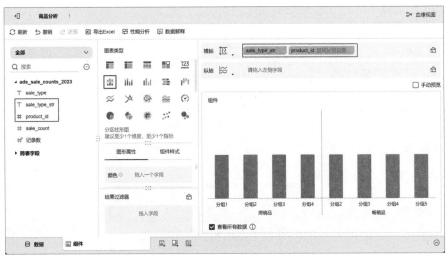

图 6-72 对商品分析的结果进行可视化(2)

(4) 在图 6-72 中,将鼠标移动至"横轴"输入框内的字段 product_id,单击该字段后方显示的 ▼ 按钮,在弹出的菜单中选择"相同值为一组"选项修改字段 product_id 的分组方式。然后,将字段 sale_count 拖动到"纵轴"输入框,如图 6-73 所示。

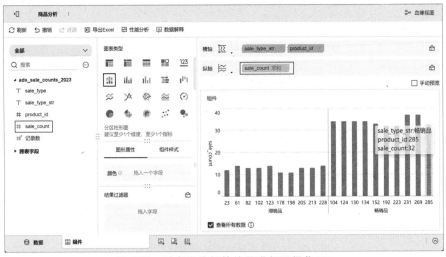

图 6-73 对商品分析的结果进行可视化(3)

从图 6-73 可以看出,在"组件"部分的分区柱状图中展示了滞销品和畅销品的信息。当鼠标移动至分区柱状图中的任意柱条时,会显示该柱条的详细信息。

(5) 为了更直观地区分滞销品和畅销品,为分区柱状图中滞销品和畅销品区域中的柱条设置不同颜色。在图 6-73 中,将字段 sale_type_str 拖动到"颜色"输入框,如图 6-74 所示。

(6) 优化分区柱状图,将图例的名称调整为实际的含义,以提升图表的可解释性。参考 6.3.2 节的相关操作,在图 6-74 中,分别将"颜色""横轴"和"纵轴"输入框中字段 sale_type_str、product_id 和 sale_count 的名称修改为商品类型、商品 ID 和销量,如图 6-75

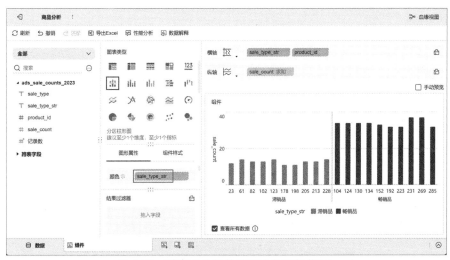

图 6-74　对商品分析的结果进行可视化(4)

所示。

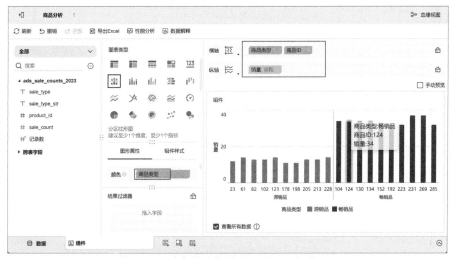

图 6-75　对商品分析的结果进行可视化(5)

从图 6-75 可以看出,分区柱状图中图例的名称已经由字段名修改为相应的含义。至此,便完成了实现商品分析的可视化。

6.3.4　实现设备分析的可视化

本项目采用 FineBI 中的分区折线图实现设备分析的可视化,具体操作步骤如下。

1. 创建分析主题

为了区分不同分析结果的可视化效果,这里创建一个新的分析主题,用于展示设备分析的结果,具体操作步骤如下。

(1) 在"我的分析"界面中的用户行为数据分析文件夹下创建分析主题,指定该分析主题使用的数据为表 ads_device_counts_2023,如图 6-76 所示。

图 6-76 "选择数据"对话框(3)

(2) 在图 6-76 中单击"确定"按钮进入分析主题界面,如图 6-77 所示。

图 6-77 分析主题界面(3)

在图 6-77 中,单击左上角分析主题后方的 ⋮ 按钮,在弹出的菜单中选择"重命名"选项,将当前分析主题重命名为"设备分析"。

2. 配置组件

在 FineBI 中,通过配置组件对设备分析的结果进行可视化,具体操作步骤如下。

(1) 在图 6-77 中,单击窗口底部的"组件"选项卡,在该选项卡中选择"图表类型"部分的"分区折线图"选项,如图 6-78 所示。

图 6-78 对设备分析的结果进行可视化(1)

（2）在图 6-78 中，分别将字段 device_type、hour_interval 和 access_count 拖动到"颜色""横轴""纵轴"输入框，如图 6-79 所示。

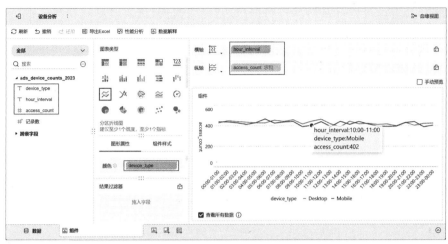

图 6-79　对设备分析的结果进行可视化（2）

从图 6-79 可以看出，在"组件"部分的分区折线图中展示了不同时间段各类型设备的访问情况。当鼠标移动至分区折线图中线条的任意位置时，会显示相应时间段的详细信息。

（3）优化分区折现图，将图例的名称调整为实际的含义，以提升图表的可解释性。参考 6.3.2 节的相关操作，在图 6-79 中，分别将"颜色""横轴""纵轴"输入框中字段 device_type、hour_interval 和 access_count 的名称修改为设备类型、时间段和访问量，如图 6-80 所示。

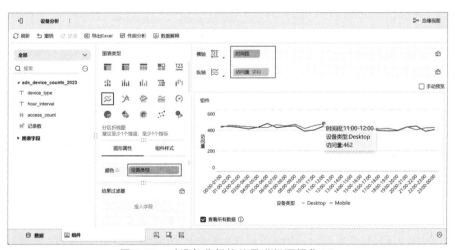

图 6-80　对设备分析的结果进行可视化（3）

从图 6-80 可以看出，分区折线图中图例的名称已经由字段名修改为相应的含义。至此，便完成了实现设备分析的可视化。

6.3.5　实现地域分析的可视化

本项目采用 FineBI 中的饼图实现地域分析的可视化，具体操作步骤如下。

1. 创建分析主题

为了区分不同分析结果的可视化效果，这里创建一个新的分析主题，用于展示地域分析的结果，具体操作步骤如下。

（1）在"我的分析"界面中的用户行为数据分析文件夹下创建分析主题，指定该分析主题使用的数据为表 ads_sale_city_2024，如图 6-81 所示。

图 6-81　"选择数据"对话框（4）

（2）在图 6-81 中单击"确定"按钮进入分析主题界面，如图 6-82 所示。

图 6-82　分析主题界面（3）

在图 6-82 中，单击左上角分析主题后方的 ⋮ 按钮，在弹出的菜单中选择"重命名"选项，将当前分析主题重命名为"地域分析"。

2. 配置组件

在 FineBI 中，通过配置组件对地域分析的结果进行可视化，具体操作步骤如下。

（1）在图 6-82 中单击窗口底部的"组件"选项卡，在该选项卡中选择"图表类型"部分的"饼图"选项，如图 6-83 所示。

（2）在图 6-83 中分别将字段 city 和 counts 拖动到"颜色"和"角度"输入框，如图 6-84 所示。

从图 6-84 可以看出，在"组件"部分的饼图中展示了不同城市的销售情况。当鼠标移

图 6-83　对地域分析的结果进行可视化(1)

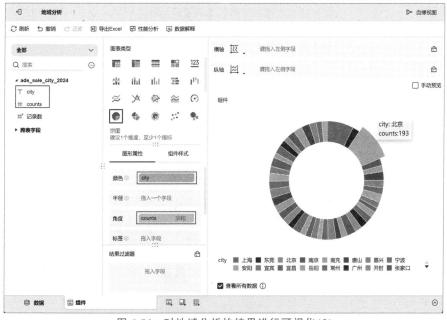

图 6-84　对地域分析的结果进行可视化(2)

动至饼图中的任意扇区时,会显示该扇区的详细信息。

(3)为了更直观地展示各城市的销售情况,为饼图的每个扇区添加标签,同时显示城市名称和对应的销售数据。在图 6-84 中,依次将字段 city 和 counts 拖动到"标签"输入框,如图 6-85 所示。

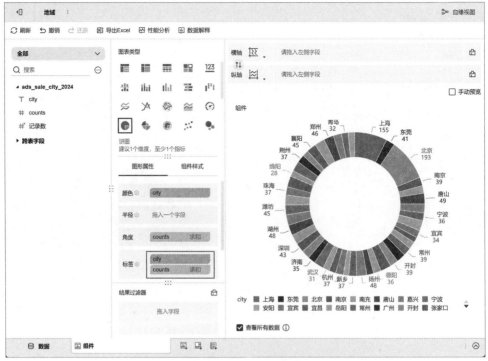

图 6-85 对地域分析的结果进行可视化（3）

（4）优化饼图，将图例的名称调整为实际的含义，以提升图表的可解释性。参考 6.3.2 节的相关操作，在图 6-85 中分别将"颜色""角度""标签"输入框中字段 city 和 counts 的名称修改为城市和销量，如图 6-86 所示。

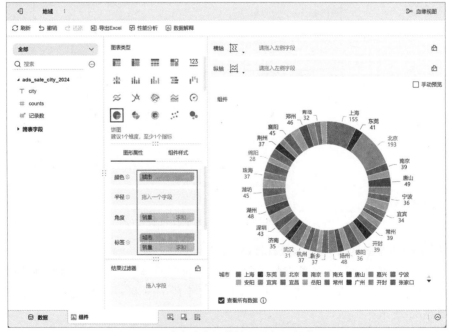

图 6-86 对地域分析的结果进行可视化（4）

从图 6-86 可以看出,饼图中图例的名称已经由字段名修改为相应的含义。

3. 动态展示地域分析的结果

本项目中,地域分析基于实时分析实现,Hive 表 ads_sale_city_2024 的数据会随各城市销售情况动态更新,然而,上述操作仅展示了新建数据集时从 Hive 表中获取的静态数据。接下来演示如何在 FineBI 中动态展示地域分析的结果,具体操作步骤如下。

(1) 分别在虚拟机 Spark01、Spark02 和 Spark03 中执行如下命令启动 ZooKeeper 集群。

```
zkServer.sh start
```

(2) 分别在虚拟机 Spark01、Spark02 和 Spark03 中执行如下命令启动 Kafka 集群。

```
kafka-server-start.sh $KAFKA_HOME/config/server.properties \
> /export/data/kafka.log 2>&1 &
```

(3) 在虚拟机 Spark01 中执行如下命令启动 HDFS 集群。

```
start-dfs.sh
```

(4) 在虚拟机 Spark01 中执行如下命令启动 YARN 集群。

```
start-yarn.sh
```

(5) 在虚拟机 Spark01 中执行如下命令启动 MetaStore 服务。

```
nohup hive --service metastore > /export/data/metastore.log 2>&1 &
```

(6) 在虚拟机 Spark01 的/export/servers/doris-2.0.9/fe 目录中执行如下命令启动 Frontend。

```
bin/start_fe.sh --daemon
```

(7) 分别在虚拟机 Spark02 和 Spark03 的/export/servers/doris-2.0.9/be 目录中执行如下命令启动 Backend。

```
bin/start_be.sh --daemon
```

(8) 在虚拟机 Spark03 中执行 Python 文件 generate_user_data_real.py,向 Kafka 的主题 user_behavior_topic 写入实时用户行为数据,具体命令如下。

```
python /export/servers/generate_user_data_real.py
```

(9) 在 Tabby 中创建一个虚拟机 Spark03 的新操作窗口,用于启动 Flume,从/export/data/log/2024 目录中的日志文件 user_behaviors.log 里采集实时用户行为数据,具体命令如下。

```
flume-ng agent --name a2 --conf conf/ --conf-file \
/export/data/flume_conf/flume-logs-real.conf \
-Dflume.root.logger=INFO,console
```

(10) 将 city_sale_counts.py 文件中实现的 Spark 程序提交到 YARN 集群运行。在虚拟机 Spark02 中执行如下命令。

```
spark-submit \
--master yarn \
--deploy-mode cluster \
--conf spark.yarn.submit.waitAppCompletion=false \
--driver-memory 512mb \
--executor-memory 512mb \
/export/servers/city_sale_counts.py
```

(11) 由于表 ads_sale_city_2024 的数据会随各城市销售情况动态更新,所以需要在 FineBI 中为该表设置独立的更新计划,确保 FineBI 能够周期性地获取最新的数据,从而保证可视化结果的实时性,具体操作步骤如下。

① 在用户行为数据分析文件夹中选择表 ads_sale_city_2024,然后单击"更新信息"选项卡,如图 6-87 所示。

图 6-87　公共数据界面(4)

② 在图 6-87 中单击"单表更新"选项进入"ads_sale_city_2024 更新设置"对话框,如图 6-88 所示。

③ 在图 6-88 中单击"定时设置"选项进入"定时更新"对话框,在该对话框的"执行频率"下拉框选择"简单重复执行"并指定每 5 分钟执行一次。在"开始时间"输入框选择开始时间,该时间不得早于系统当前时间。"定时更新"对话框配置完成的效果如图 6-89 所示。

读者可根据实际情况调整执行频率和开始时间。

④ 在图 6-89 中单击"确定"按钮。由于设置的执行频率较高,所以会弹出提示框提示每日更新将超过 10 次,会导致硬件资源浪费。这里为了便于后续直观地查看数据可视化的效果,直接在提示框中单击"确定设置"按钮返回"ads_sale_city_2024 更新设置"对话

图 6-88 "ads_sale_city_2024 更新设置"对话框(1)

图 6-89 "定时更新"对话框配置完成的效果

框,如图 6-90 所示。

在图 6-90 中,读者可以通过"生效状态"开关来开启或关闭定时更新。在图 6-90 中单击"确定"按钮保存配置。

⑤ 等待一段时间后,刷新名为"地域分析"的分析主题中的组件选项卡,观察饼图的变化情况,如图 6-91 所示。

从图 6-91 可以看出,各城市的销售数据已发生变化。例如,北京的销量从 193 更新为 508。需要说明的是,各城市销售数据的变化幅度取决于等待刷新的时长,等待时间越长,数据变化可能越大。

图 6-90　"ads_sale_city_2024 更新设置"对话框（2）

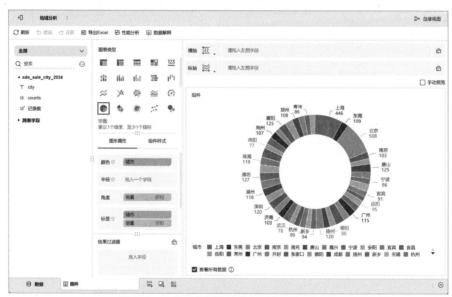

图 6-91　对地域分析的结果进行可视化（5）

至此，便完成了实现地域分析的可视化。

6.4　本章小结

本章主要讲解了数据可视化。首先，讲解了 Doris 集成 Hive。然后，讲解了 FineBI 的安装与配置。最后，讲解了如何实现数据可视化，包括实现流量分析的可视化、实现商品分析的可视化等。通过本章的学习，读者可以熟悉通过 Doris 从 Hive 读取数据，并且使用 FineBI 进行数据可视化。

图书资源支持

感谢您一直以来对清华版图书的支持和爱护。为了配合本书的使用，本书提供配套的资源，有需求的读者请扫描下方的"书圈"微信公众号二维码，在图书专区下载，也可以拨打电话或发送电子邮件咨询。

如果您在使用本书的过程中遇到了什么问题，或者有相关图书出版计划，也请您发邮件告诉我们，以便我们更好地为您服务。

我们的联系方式：

清华大学出版社计算机与信息分社网站：https://www.shuimushuhui.com/

地　　址：北京市海淀区双清路学研大厦 A 座 714

邮　　编：100084

电　　话：010-83470236　010-83470237

客服邮箱：2301891038@qq.com

QQ：2301891038（请写明您的单位和姓名）

资源下载：关注公众号"书圈"下载配套资源。

书圈

清华计算机学堂

观看课程直播